究極 拉麵賞！調理技術

18家名店

超純水採麵 天國屋
好呷喔 阿雄拉麵
拉麵 大公
拉麵森屋。
橫濱中華麵 維新商店
拉麵 星印
KaneKitchen Noodles
雞麵屋 五色
麵屋 佐市 錦系町店
拉麵 嚴哲
大星 上田本店
生粋 花暖簾
拉麵寸八
拉麵 杉本
麥之道 SUGURE
拉麵 月兔影
拉麵屋 TOY BOX
中村麵三郎商店

U0073399

瑞昇文化

人氣拉麵店的
成功秘訣在於每天不斷地鑽研探究

　　拉麵的烹調方式正不斷地變化中。湯頭、醬汁、配料、麵條、香油是形成拉麵味道的 5 大要素，這些雖然依然不變，不過每家廣受好評的拉麵店其實都有一套屬於自己的風格與特色，而這也影響著每家店的「烹調方式」。

　　特別是在湯頭方面，除了清湯口味受到矚目之外，有越來越多的拉麵店也開始更重視材料的選擇與搭配的方式。近年來，也有不少的拉麵店在熬湯時會特別講究「烹調的溫度」以及「烹調的步驟」，例如甚麼材料在幾度 C 時要煮幾分鐘，甚麼材料在煮完之後要加甚麼，要如何濾湯、濾完湯之後要怎麼冷卻、冷卻之後要放置多久等等。

　　正因為拉麵沒有「要這樣才對」、「那樣做才算正統」的固定規則，所以才能有如此大的空間來鑽研出各種可能的烹調方式。因此，像這些大受歡迎的拉麵店才會不斷地研究各種新的烹調方式，且從不做出「這樣算是大功告成了！」的結論。為了確保拉麵好吃而每天研究如何讓味道變得更棒，就現代而言，這可說是想成為人氣拉麵店的必備條件。

在人氣拉麵店，
基本款拉麵會持續地深化精進

　　現在有許多拉麵店會推出所謂的季節限定拉麵或是期間限定拉麵；此外，也有一些受歡迎的拉麵店會在社群網站上發布限定拉麵的相關資訊，並持續增加他們的粉絲。

　　不過，那些致力於開發限定拉麵的人氣店，他們的目的並非僅是靠著眼前的新穎與變化來吸引顧客。事實上，有許多的人氣拉麵店是藉由這些限定拉麵所用的食材、期間限定所用的調味料來調整並精進他們的基本款拉麵。

　　因此，即使外觀看起來沒有甚麼不同，但是讓平時所供應的拉麵不斷地進化改變，這可說是人氣拉麵店的特色之一。

　　以這樣的角度來看，那麼關於本書所介紹的人氣拉麵店所用來製做湯頭、材料或是麵條等方法，其實並不能視為這是該店家最終的製作方法，而是應將它們視為這是一種正在持續精進與深化的過程中，所暫時形成的製作方式才比較正確。或許我們甚至可說，能夠將固定推出的拉麵款持續進化改變的才是真正所謂的人氣拉麵店。

CONTENTS

■在閱讀本書之前
・在說明烹調的加熱時間、加熱方法時，其內容皆是以該店所用的烹調器具為基準。
・材料的名稱、所使用的道具名稱，有些是以各店家所用的稱呼為基準。
・所刊載的各店家的烹調方式是依 2017 年 7 月～ 10 月所取材時所得到的資訊。拉麵店會不斷地改良他們的烹調方式，因此有時所介紹的烹調方式對店家而言只是一時在進化過程中的製作方式或想法，敬請見諒。
・所刊載的沾醬麵、拉麵的餐點名、價格、所擺放的料、器具等，是依 2017 年 7 月～ 10 月所取材時所得到的資訊。
・裡頭部分的內容是引用 2016 年 8 月旭屋出版 MOOK「ヒットラーメンをつくろう！」、2017 年 8 月旭屋出版 MOOK「人気ラーメン店は、ここが違う！」
・所刊載的各店家的住址、電話號碼、營業時間、公休日是以 2017 年 10 月現在的資訊而言。

超純水採麵 天國屋

追求能讓孩子們吃的安心、安全的拉麵

「下個世代的拉麵該是甚麼樣子？」希望能做出能讓小孩放心地吃、吃的安全的拉麵，天國屋拉麵的店主佐佐木昭一先生為了這個信念，非常認真地鑽研拉麵製作。他在 10 年前開了這家拉麵店，接著在 3 年前引進了這個概念，甚至菜單也全面更新。

他們的「雞醬油麵」裡的湯頭只用雞骨、雞身、雞翅和水熬煮而成，水是用逆滲透水，淡色醬油的醬料則僅用 8 種醬油製成。

此外，「鮭魚乾醬油麵」的湯頭只用沙丁魚乾、鮭魚乾以及水熬煮而成；「香炒沙丁魚乾醬油麵」的湯頭則是只用沙丁魚乾和水熬煮而成。從食材的選擇到熬煮的溫度與時間，甚至冷卻的方式以及冷卻的溫度也都經過分析研究，只用非常簡單的材料，做出完全不刺激小孩舌頭，但大人品嘗卻也能仔細吃出味道的豐富與美味的拉麵。雖然帶小孩來吃的客人很多，但像是只用海味熬成的「雞醬油麵」，或是只用沙丁魚乾和水熬成的「香炒沙丁魚乾醬油麵」也有不少上了年紀的客人非常喜歡。

「雞醬油麵」的麵條是由中西食品（稻城市）所供應，這些麵條用的 100% 日本產的小麥所做成，裡頭不含添加物，含蛋比例相對較低。此外，大碗的「雞醬油麵」雖然價格不變，但是麵的份量如果變多，那麼會破壞和湯頭的和諧感，因此大碗的拉麵會特地用別種粗細的麵條來煮。

雞醬油麵 750 日圓

只用雞骨、雞身、雞翅和水，熬煮出透明清澈、香氣四溢又感覺清爽的清湯。除了能選擇醬油醬料的濃淡，麵條還能選擇要不要含蛋，一碗麵卻能有多種的享受方式，這也是這家店的特色之一。

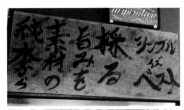

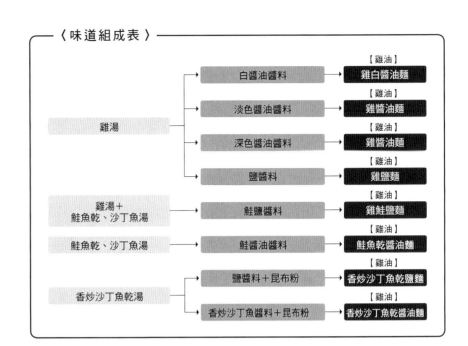

〈 味道組成表 〉

雞湯	白醬油醬料	【雞油】 雞白醬油麵
	淡色醬油醬料	【雞油】 雞醬油麵
	深色醬油醬料	【雞油】 雞醬油麵
	鹽醬料	【雞油】 雞鹽麵
雞湯＋ 鮭魚乾、沙丁魚湯	鮭鹽醬料	【雞油】 雞鮭鹽麵
鮭魚乾、沙丁魚湯	鮭醬油醬料	【雞油】 鮭魚乾醬油麵
香炒沙丁魚乾湯	鹽醬料＋昆布粉	香炒沙丁魚乾鹽麵
	香炒沙丁魚醬料＋昆布粉	【雞油】 香炒沙丁魚乾醬油麵

■ SHOP DATA

住所／東京都町田市金森 4-1-1
電話／ 042-799-4878
營業時間／ 11 點 30 分～ 15 點，17 點～ 21 點
（如果材料用完會提早打烊）
公休日／週三

雞鮭鹽麵 730 日圓

220ml 雞湯混合 80ml 的鮭魚乾湯所調製而成。鹽醬料是由沖繩的海鹽、薄切鮭魚乾、干貝唇、味醂以及日本酒所做成。配料有雞胸肉叉燒、豬肩肉叉燒以及鮭魚乾。此外，還能選擇要加九條蔥還是三葉芹、或是兩個都加。

鮭魚乾醬油麵 650 日圓

完全只用鮭魚乾、沙丁魚乾以及水來熬湯，醬油是由生醬油、味醂和鮭魚乾所做成，麵條裡有添加全麥麵粉，吃起來很有嚼勁。配料則是烤豬肉叉燒、筍乾和鮭魚乾。

選用不含血合肉的鮭魚乾和來自瀨戶內海的小沙丁魚乾，不讓湯混濁而只用海味熬煮成高湯。

香炒沙丁魚乾醬油麵
750 日圓

將沙丁魚乾炒香後用逆滲透水浸泡，接著放進冷凍庫裡。利用低溫浸泡的方式，能夠讓沙丁魚乾不會有苦味。湯頭加點昆布粉。用鹽醬料和粗砂糖將白蘿蔔和雞胸肉叉燒炒過後做成配料，接著再加一點芥末。

用小火慢慢地乾炒沙丁魚乾，炒出香味之後再用逆滲透水浸泡。

麵條方面，除了有 22 號粗的平打直條麵（140g），另外還準備了 20 號粗的麵條（180g）來做為大碗拉麵用的麵。此外，麵條還能選擇要不要含有雞蛋。

雞湯

材料

· 雞脖子（阿波尾雞）、雞翅（日本國產雞）
· 雞身（青森洛克鬥雞）、水（逆滲透水）

用叉子將雞的肺、肝剔除乾淨，接著浸泡在水中約 10 分鐘左右去血。

用濾網撈起後瀝乾，接著用純水沖洗。

只用簡單的材料和純水，熬出香氣四溢且味道豐富的湯頭

雞湯的原料只有雞和水。自從用了優質的雞隻後，從 2 年前開始煮湯時甚至連蔬菜和昆布都捨棄不加了，至於用的水則是經逆滲透處理過的純水。熬湯時是用阿波尾雞的雞脖子和青森洛克鬥雞的雞身，如果只用土雞來熬雞雖然會很香，但是味道會不夠豐富，因此還會再加上日本國產肉雞的雞翅。

「鮭魚乾醬油麵」的湯頭只用鮭魚乾、沙丁魚乾以及純水熬煮而成，選用不含血合肉的鮭魚乾和又小又硬的瀨戶內海沙丁魚乾來熬湯，讓湯頭看起來清澈透明但味道豐富。

「香炒沙丁魚乾醬油麵」的湯頭則是只用沙丁魚乾和純水做成，透過冷凍的手法，只萃取出沙丁魚乾該有的美味。

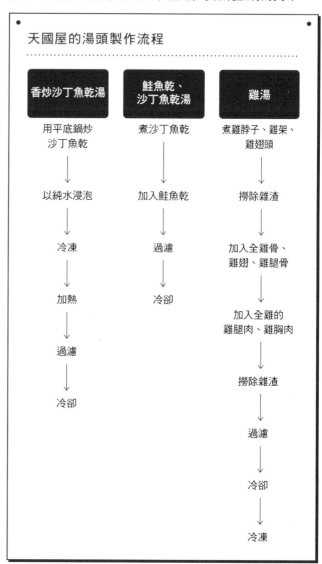

天國屋的湯頭製作流程

香炒沙丁魚乾湯	鮭魚乾、沙丁魚乾湯	雞湯
用平底鍋炒沙丁魚乾	煮沙丁魚乾	煮雞脖子、雞架、雞翅頭
↓	↓	↓
以純水浸泡	加入鮭魚乾	撈除雜渣
↓	↓	↓
冷凍	過濾	加入全雞骨、雞翅、雞腿骨
↓	↓	↓
加熱	冷卻	加入全雞的雞腿肉、雞胸肉
↓		↓
過濾		撈除雜渣
↓		↓
冷卻		過濾
		↓
		冷卻
		↓
		冷凍

熱湯時，如果雞骨露出水面會導致氧化，因此在煮的時候要一直保持不會浮起來的狀態。加純水時，水量為36ℓ，因為雞骨會熬出雞汁，所以最後煮好的湯會變成40ℓ。此外，依據雞翅肉的厚度，水量可做調整。

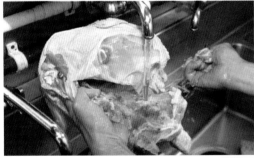

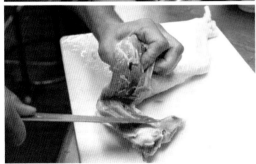

全雞切成雞腿肉、雞胸肉、雞翅和雞架等部分，因為內臟是附著在裡面，所以雞架內側要清除乾淨。接著切掉雞屁股。切完後之後，依序入鍋熬煮。

雞翅的表面用自來洗過之後，接著用純水沖洗。

使用 45cm 的深湯鍋。首先，先放進雞脖子，然後在雞脖子的間隙裡塞入雞翅，接著將雞架從上面塞進去，把這些材料互相卡緊，讓它們在煮的時候不會浮起來。

大約過了 2 小時後將雞腿肉和雞胸肉放進去，過一會兒
會開始出現雜渣，需把它們撈除。不要翻動鍋子。

開火煮 4 ～ 5 小時後，接著過濾高湯。過濾到湯的顏色
變濃，且看起來更加透明清澈便可停止。將單柄鍋慢慢
地往鍋裡舀起高湯以進行過濾，濾湯時需注意不要刻意
攪動湯。可以準備兩個小鍋子，然後分別均勻地交互倒
進鍋裡來過濾。

仔細地將浮在表面的浮渣撈除。因為雞骨不會在湯鍋裡
翻滾，所以不會有太多浮渣，只會有一些不黑的白色雜
渣浮在上面。

雞骨要燉 4 小時，首先，先放進雞架、雞翅、雞腿骨，
然後用非常小的微火熬煮。

雞湯煮好之後一定要冷凍過一次，透過冷凍可以讓味道更加美味。此外，不論是豬骨湯或是炒沙丁魚乾湯也都要經過冷凍。

營業時，將已融化的高湯裝進鍋裡，接著將鍋子泡在冰水裡。每次有人點餐時，才舀湯進小鍋子裡加熱使用。

慢慢地濾湯直到完成為止。因為雞骨沒有附著雜渣，所以顏色不會變黑。將熬完的雞骨混合豬背骨一起用大火煮過之後，再加入豆漿以做成豚骨拉麵用的高湯。

過濾完的高湯可放進水槽裡進行冷卻，溫度降到感覺不燙手時便可移至冷凍庫裡。

在開店之前將冷凍的雞湯加熱融化，只要融化即可，不要煮至沸騰。接著除去上面的雞油，但不拿來用，用來當做香油的雞油要另外製做。

關火之後，放置約 4～5 分鐘，記得不要攪拌，不然湯
會變混濁。接著過濾之後，然後立刻冷卻。

鮭魚乾、沙丁魚乾湯

材料

・沙丁魚乾（瀨戶內海產）・鮭魚乾
・水（逆滲透水）

選用來自瀨戶內海小而硬的沙丁魚乾，沙丁魚乾如果硬
一點能讓湯不容易混濁。350g 的沙丁魚乾加入 7ℓ 的純
水後開始烹煮，等到快煮沸時關火，然後放置約 5 分鐘。
如果放置超過這時間，沙丁魚乾會吸掉湯的美味。

接著再次開火，倒入鮭魚乾，記得不要攪拌，待水快煮
沸時關火。

④

隔天早上從冷凍庫取出後加熱，等到快煮沸時關火。

⑤

過濾完後立即冷卻，將過濾後的沙丁魚乾倒上醬油靜置發酵，然後做成「香炒沙丁魚乾醬油麵」的醬料。

香炒沙丁魚乾湯

材料

・沙丁魚乾（瀨戶內海產）、水（逆滲透水）

①

用平底鍋乾炒沙丁魚乾。用小火炒，炒到香味出來為止。

②

香味出來之後，接著倒入純水。18ℓ 的純水配 1.2kg 的沙丁魚乾，因為只用沙丁魚乾熬湯，為了讓味道更豐富，所以煮的時候會用多一點的沙丁魚乾。接著直接放進冷凍庫。

③

冷凍大約 6 小時左右（照片是隔天早上表面冷凍時的狀態）。水溫若低，則沙丁魚乾不會泡的過軟，因此也不會產生苦味等雜味。

不直接用鍋子加熱，而是將雞油放在煮麵機上以熱水慢慢地加熱以溶化雞油。

加熱約90分鐘，待溶化之後，接著用細篩網過濾。過濾完後冷凍，等到要用的時候再解凍。

無論是雞油還是雞肉叉燒，都能讓雞湯的味道更加美味

煮雞湯時浮在上面的清澄的雞油會帶有雞骨的腥味，所以拉麵不用這個雞油，而是另外將只用雞熬成濃湯混合氣味迷人的阿波尾雞雞油與味道豐富的赤雞（鹿兒島）雞油所調製而成。做好的雞油也是要先經過冰凍過，將美味濃縮之後才拿來使用。

雞肉叉燒只用日本國產雞胸肉以及鹽和水做成，活用雞肉的美味，讓叉燒肉在搭配湯頭時能更加對味。用來做雞肉叉燒的水和用來煮雞油的水都是使用純水。

雞油

材料

・阿波尾雞雞油 ・鹿兒島赤雞雞油
・水（逆滲透水）

將阿波尾雞的雞油、赤雞的雞油和水倒進鍋裡。透過混合攪拌，使它成為香濃美味的雞油。

將裝著雞肉的袋子丟進 90 度的熱水裡。

倒入冰塊，讓熱水的溫度降到 65 ～ 70℃，然後蓋上蓋子靜置。接著，每 10 分鐘用手摸摸看硬度。

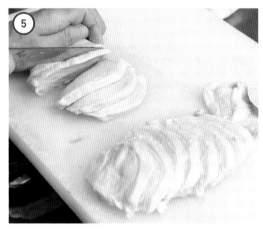

叉燒做好大約需要 60 分鐘，從鍋子拿出來後立刻冷卻。做好的叉燒肉吃起來不但多汁又有彈性。做成配料時，為了能確實嘗出雞肉的美味，厚度切成大約 1cm 左右以做為配料。

雞肉叉燒

材料

・日本國產雞胸肉・鹽・水（逆滲透水）

雞胸肉去皮後加入純水和鹽，鹽可以多一點。靜置 60 ～ 90 分使之入味。

將雞胸肉裝進袋子裡，再放入水中，擠掉袋子裡的空氣後將袋子封住。

好呷喔 阿雄拉麵（うまいヨゆうちゃんラーメン）

用 4 小時熬出來的豬骨湯，味道濃郁又感覺新鮮！

看板上只寫著「超濃豬骨（豚骨）」這幾個字，這是千葉雄一在 2014 年所開的拉麵店。家系拉麵的豬骨湯其肉的鮮美和醬油味使人印象深刻，博多豬骨拉麵的豬骨臭和美味則讓人欲罷不能，而這家店的特色則在於他們的豬骨湯同時擁有這兩種拉麵的優點。他們的目標是希望能做出一開始吃的時後可能不會覺得特別，但是越吃卻越能嘗到豬骨的美味的豬骨湯。此外，因為他們的豬骨湯並不是像家系那樣適合配白飯，因此改用炒飯來做搭配。

熬湯的材料只有豬頭、豬拳骨和水（π-water）。一開始雖然也會加上蔬菜和雞骨，但是因為這樣會讓湯的味道變清淡，所以後來就不用了。熬湯的材料只有豬頭、豬大骨和水（π-water）。另外，剛開業的前半年是用普通的湯鍋來熬湯，後來改成用羽釜（日本傳統炊鍋）來熬湯而增加了湯頭的層次。為了追求理想中的豬骨湯，現在仍不斷地努力鑽研熬湯的方式。

現在用的湯頭每天早上 7 點才開始煮，然後到了 11 點開店時便直接拿來使用。熬湯時，使用對流力佳的羽釜並以 4 萬5 千大卡的火力來熬；此外，每天用 π-water 活水並花 4 個小時來煮豬骨湯，讓湯在變濃之前先讓美味出來，並嘗得到新鮮感。在開始營業的時候，還需「細心呵護」並隨時不斷地調整味道，除了以自來水而非 π-water 來調整湯的濃度，將骨頭磨碎倒入調味，或是相反地撈出骨頭以改變對流等，而非僅是調整火候而已。因此，只要開店中間便不休息，而一直營業整天。平日大概賣 100 碗，周六、周日則能賣到 150 碗。

拉麵 700 日圓

花 4 小時只用豬頭、豬拳骨和水來熬豬骨湯。為了熬出豬骨湯特有的腥臭，因此熬湯時連蒜頭都不加。配料有用豬背脂以及豬肩肉做成的叉燒肉、木耳、白蔥、燙波菜和海苔，豬背脂會另外煮過以做成配料。

〈味道組成表〉

豬骨湯 ──→ 醬油醬汁 ──→ 【豬油、豬背脂】 拉麵

■ SHOP DATA

住所／神奈川縣大和市上草柳 3-15-15
電話／046-260-3790
營業時間／11 點～ 21 點
公休日／週三、第一個週四

當需要調整豬背脂的
量，或是客人覺得湯
太濃時，會用柴魚高
湯來做調整。

桌上擺著白芝麻、胡椒、蒜頭酥、蒜泥醬、
醬油、豆瓣醬和醋，其中蒜頭酥最多人用。

叉燒麵 900 日圓

有放 5 塊豬肩叉燒肉的人氣拉麵。為
了讓客人「能享受大口吃肉的感覺」，
特地將叉燒肉切厚一點。用和熬湯不同
的鍋子來煮叉燒肉，將肉浸泡在醬油醬
料、水和白高湯所合成醬料裡，然後做
成叉燒肉。麵則是一樣是用含水量中等
的中粗直麵條，1 人份為 170g。

豬骨湯

材料

- 豬頭 15 個・豬拳骨 10kg
- 前一天的高湯（10ℓ）・π-water・自來水

將豬頭 15 個（30kg）和切好的豬拳骨 10kg 放入 60cm 的羽釜，由於豬拳骨需要熬 4 小時，因此一開始先放進去一起煮。此外，豬拳骨如果置於鍋底會容易燒焦，所以要先放入豬頭。豬頭和豬拳骨都不要先川燙過。如果先燙過，那麼豬骨湯那濃郁又粗獷的感覺會變得較淡。

每天開店前才熬製完成，保證絕對新鮮的濃厚豬骨湯

最初剛開店時還會加雞骨和豬背骨來熬湯，不過現在只以豬頭、豬拳骨和水來做為材料，並使用對流力佳的 60cm 羽釜搭配 4 萬 5000 大卡的火力來熬製高湯。因為看板上標榜的是「超濃豬骨」，為了不想讓客人吃了之後覺得「這種味道到哪都有」，因此摒除氣味強烈的食材，只用能讓味道更加深沉的豬頭和豬拳骨來熬湯。此外，連鍋子都將原本使用的深湯鍋改成羽釜。

熬湯的水是用能容易熬出味道的 π-water，且每天早上 7 點熬湯，這樣 11 點開始營業時就能立刻拿來使用。為了保留豬骨湯特有的腥味，因此煮湯時不加蒜頭。此外，如果將豬背脂放進去一起煮，那麼會讓湯帶著甘甜而蓋掉豬骨湯原有的特色，因此要將豬背脂分開煮。

熬湯的時間為 4 個小時，雖然湯剛煮好的鮮美也是一大賣點，但是為了讓湯頭能帶著豬骨湯才有的那種粗獷滋味，因此在熬湯的過程當中，還會將前一天的湯稍微過濾之後，夾雜著肉片一起煮。

在熬湯的時候，如果將豬頭切開味道會熬的更快，但是基本不特別將它切開，而是一邊開店一邊調整水量和火候，然後繼續煮，直到它自然散掉為止。如果只是繼續不停地煮，那麼豬骨的味道也會跑掉，因此在營業的時候，還要將火轉弱以及加水等等。相反地，如果想讓高湯的味道更濃，那麼則把骨頭撈起來讓羽釜內的對流變成、或是將骨頭剁開等。如果一直用 π-water 加水，那麼容易讓味道變輕盈，因此營業時是用自來水來調整水量。店家表示在營業的時候才更需要注意湯頭的調整，因此每 10 分鐘就會試一下湯的味道。

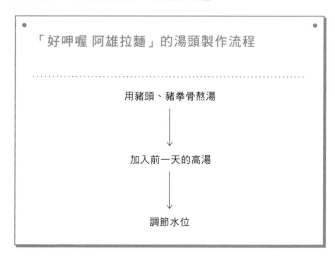

「好呷喔 阿雄拉麵」的湯頭製作流程

用豬頭、豬拳骨熬湯

↓

加入前一天的高湯

↓

調節水位

水開始沸騰之後，用木鏟沿著鍋緣翻翻看骨頭有沒有被黏在鍋底或是鍋邊，確認時請注意不要將骨頭弄碎。這時，湯應該能聞到很濃的肉味，因此味道也要順便確認看看。

浮渣出現後水位會上升，但不撈除浮渣。熬湯的水只用π-water。

將豬骨放進去後，接著倒入 75℃的 π-water。用 75℃的熱水來煮湯，煮出來的味道會比用滾沸的熱水煮出來的更好。水加到幾乎快要蓋過拳骨時，接著就能上蓋然後開始熬煮。煮的時候，將 4 萬 5 千大卡的火力開到最大。由於營業時還會繼續加水調整，因此用這一鍋湯能做出 150 碗拉麵。

叉燒肉、豬背脂
和高湯分開煮，然後加以調味

由於是用火力 4 萬 5 千大卡的羽釜來熬湯，
如果將叉燒肉用的豬肩肉直接丟進去煮的話，
那麼會把肉煮爛，因此必須分開來煮。此外，
豬背脂和豬骨一起熬煮會出現甜味而讓豬骨
湯帶著甘甜，如此一來將蓋掉豬骨湯原有的特
色，因此也必須分開來煮。

┌─────────────────┐
│   叉燒肉   │
└─────────────────┘

材料

・豬肩肉・叉燒肉用的醬汁（醬油、味醂、日本酒、
水、昆布、味素）

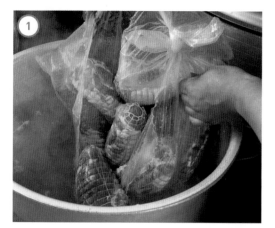

豬肩肉用的是進口的冷凍肉，將水加熱，水滾後將肉放
進去。

等到再次沸騰之後將火轉成弱火，蓋上鍋蓋然後煮 2 小
時左右。

煮了約 2 小時之後，倒入前一天粗濾後所留下的湯，前
一天的湯也是加熱到 75℃左右後再倒進去。需要加入前
一天的湯汁是因為要讓湯頭散發出豬骨湯特有的腥味以
及風味，在比例上大約 10 ℓ 即可。如果一開始熬湯時就
倒入前一天的湯汁，那麼豬骨臭會消失，因此必須在煮
到一半的時候才加進去。

高湯開始變濃之後，骨頭便容易黏鍋，因此不要蓋上鍋
蓋，然後每 10 分鐘就翻動一下，翻的時後要小心不要將
骨頭弄碎。此外，也要特別注意水位的調整。高湯會在
11 點開始營業之前熬製完成，不過在營業時，每 10 分
鐘會再嚐嚐看味道並調整水位和火候。想讓味道濃一點
時便將骨頭弄碎，但有時也會拿掉骨頭以加強對流等。
在營業中，還會加自來水讓湯的味道更有層次。

豬背脂

材料

‧碎豬背脂‧水

豬背脂稍微過濾，將水和豬背脂混在一起後開火，待沸騰後再轉成弱火繼續煮 90 分鐘。

大概煮 2 小時之後，用筷子插一下肉，如果從裡面沒有滲出血水，那麼就可以停止加熱。

用拉麵的醬油醬料來醃漬叉燒肉，醬油醬料的原料是醬油、酒、味醂、昆布、味素。將肉浸泡在醬料裡約 5 小時左右，接著將醬料裡的油脂撈除，待下次繼續使用。

叉燒肉浸過醬料後，放入冰箱冰一陣子，等到鹹味變溫和後便可拿來使用。將肉切的厚一點，然後擺在麵上，讓人能明顯吃出肉的美味。

稀釋用的高湯

材料

・厚削柴魚片・水

熬成的豬骨湯在吃第一口時不會覺得特別，但是越吃則越能感覺到豬骨的鮮美和濃郁。但是對於有些客人來說可能還是會覺得湯頭太濃，因此另外準備了柴魚高湯來調整高湯的濃度。

滷蛋

材料

・雞蛋（MS SIZE*）
・滷蛋用的醬料（醬油汁、水、白高湯）

水滾後，將置於常溫的雞蛋放進去，煮的時間為 6 分 30 秒。

煮好之後立刻用冰水冷卻，完全冷卻之後剝殼。

將滷蛋浸在醬油醬料裡。煮蛋的時候，不需要完全煮熟，煮到如果蛋在湯裡破掉時，蛋黃不會和湯化在一起的程度即可。

＊ MS size：日本農林水省所制定的規格，雞蛋的重量 52 公克達以上而未滿 58 公克屬 MS size。

將煮好的麵進碗裡。麵所用的是含水量中等的中粗直麵條。最近將用來做麵條的麵粉改成那種增加小麥外皮部分的研磨比例的那種麵粉，使麵條的香氣更高。

隔著濾網撒點豬背脂。

配料有叉燒肉、木耳、燙過的波菜、白蔥和海苔。

拉麵的烹調方式

將醬油醬料、8ml 的豬油倒入碗裡混合。醬油醬料則是用醬油、味醂、酒、昆布和味素所做成。

從羽釜取出來的高湯用網子過濾並倒入碗裡，由於從早上 11 點會一直營業到 21 點，為了讓湯的濃度維持不變，必須要花非常多的精神來好好照料。

拉麵 大公

煎燒＋味噌、焦煮＋醬油，靠這 2 大招牌麵來打響名號

2013 年於橫須賀開張，在 2017 年 4 月遷移到橫濱的南太田。那味噌的香氣與舒服又甘甜的味噌餘韻而讓他們的拉麵大受歡迎，所以有不少死忠的客人會特地從橫須賀到新搬遷的地方來一飽口福。店內共有 16 個座位，各式各樣的客群總是將店裡擠得水洩不通，生意好的時候甚至一天可賣出 200 碗，可說是極具人氣。

客人在點餐時，大約有 6 成會點味噌拉麵，不過焦煮醬油拉麵同樣也很受歡迎。越是常客，反而經常會為了「該點煎燒味噌，還是焦煮醬油？」而站在點餐機前遲遲猶豫不決。

在味噌醬料方面，雖然是將紅味噌和白味噌混合後仔細用油加熱，不過為了留住味噌原本的甘甜，因此需特別注意保持與鹽分之間的平衡。以豬拳骨為底，然後配合牛骨、雞骨所熬成的高湯混好味噌醬料後，接著開始營業。湯如果先做好放太久味道會變，因此必須小量而頻繁地煮，為了能更有效率地煮好湯，店主葉山和孝可費盡不少工夫。

在醬油醬料方面，將叉燒肉的醬汁混合甘露醬油等 3 種不同種類的醬油並使之熟成，然後再用給宏德海鹽和沖繩海鹽加以調整，共花費 12 天才得以完成。這醬油的外觀看起來雖然黑黑的，感覺好像很鹹，但其實不鹹，而是有一種深沉的滋味。用熱油將醬油醬料炒出香氣和焦味之後，再倒入高湯裡，一碗香氣豐富誘人的醬油拉麵便大功告成。

配料中吃起來脆脆的豆芽菜是有人點了麵才開始現炒，因為相當受歡迎，所以也有不少人會加點「大份的豆芽菜（50 日圓）」。

□□□□味噌 1020 日圓

將味噌醬料和高湯混合後加熱，接著和麵一起放進碗裡混合。麵條中粗微捲，使用的是含水量較高、Q 彈有勁的熟成麵（福島的富田屋製麵）。接著，再將現炒的豆芽菜、豬五花叉燒肉、蔥、生薑泥和肉燥擺在上面。

■ **SHOP DATA**
地址／神奈川縣橫濱市南區南太田 1-8-124
營業時間／11 點 30 分～ 14 點 30 分
　　　　　18 點～ 21 點
公休日／週一（若週一為假日則不休息，改為
週二休息）　每月會有一次週二為公休日

〈 味道組成表 〉

用油仔細將蒜頭炒過後，
接著倒入醬油汁稍微煮
一下讓香氣出來。

焦煮醬油 780 日圓

麵條以及湯頭和味噌拉麵相同。醬
油醬料花 12 天製成，外觀看起來
雖然很黑，但是卻不鹹，此醬料的
特色在於具有醬油深沉的滋味。至
於豆芽菜也是有人點的時候才開始
現炒，然後再擺上去。

豬骨湯

材料

- 豬拳骨・豬背骨・牛骨・雞脖子
- 雞腳・豬絞肉湯汁・洋蔥・白蔥葉
- 紅蘿蔔・蒜頭・白蘿蔔・生薑・黑背沙丁魚乾
- 白口沙丁魚乾・鯖魚乾・昆布
- 香菇乾・電解水

將豬拳骨和豬背骨、牛骨放進 54cm 的湯鍋裡。為了不要讓豬的風味太強,因此將雞脖子也放進去。為了讓材料熬出味道的速度能夠一致,因此將豬拳骨、豬背骨和牛骨剁碎,豬拳骨是用進口拳骨。因為雞脖子能夠比雞架更快熬出味道,再加上不需要進行清除內臟等前置作業而能夠更有效率地熬煮高湯,因而改用雞脖子來熬湯。此外,用來熬湯的水是電解水。

煮出來的濃湯不能被味噌醬的濃厚給蓋過,同時還需考量煮湯時的效率

味噌拉麵、醬油拉麵和鹽拉麵用的都是同一種湯頭。為了配合濃厚的味噌醬,考量到整體味道的均衡,因此將湯頭也熬成味道濃郁的高湯。不過,味道濃郁的湯如果放太久,那麼風味會跑掉,所以必須頻繁地每次只做一點。因此,為了能夠更有效率地熬製高湯,於是不再使用雞架,而改用能更快熬出味道的雞脖子並進行其他改良。

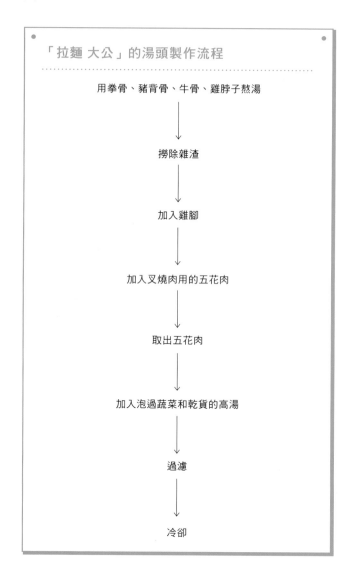

「拉麵 大公」的湯頭製作流程

用拳骨、豬背骨、牛骨、雞脖子熬湯

↓

撈除雜渣

↓

加入雞腳

↓

加入叉燒肉用的五花肉

↓

取出五花肉

↓

加入泡過蔬菜和乾貨的高湯

↓

過濾

↓

冷卻

接著，將叉燒肉用的五花肉放進去煮。

開火，沸騰之後撈除浮在上面的雜渣。加進去的材料大約 30kg，用這樣的量預計熬出 50ℓ 的高湯。

撈掉浮渣之後，加入雞腳，接著倒入另外煮豬絞肉來當做配料所留下的湯汁。

煮五花肉時，注意一下火候，大約 90～120 分鐘便可取出來。

骨頭取出來之後，接著撈掉上面的清油。撈起來的油脂不拿來使用。用電解水調整水位，待濃度調整適當之後進行過濾，接著讓它冷卻。

取出五花肉後，接著加入蔬菜，然後將浸泡過的黑背、白口沙丁魚乾、鯖魚乾、昆布和香菇乾倒進去。白蘿蔔具有去腥的效果，因此也放進去。

將海鮮高湯倒進去煮約 90 分鐘之後，接著進行過濾。首先，先取出骨頭。

一次用 8 ～ 12kg 的量，
燉出與濃郁湯頭
非常搭配的滷肉

將豬五花叉燒肉放入熱湯的鍋子裡和湯一起煮，因為有不少客人會加點叉燒肉，所以每次煮的量為 8 ～ 12kg。熱湯時，浮在上面的清油會盡可能地去除掉，因此叉燒豬肉肥肉的部分會和味噌拉麵以及醬油拉麵的湯頭非常搭。

叉燒肉

材料

・五花肉・醬油醬料

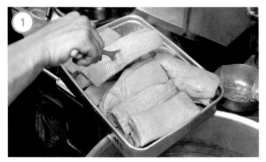

使用進口五花肉，熬湯到一半的時候將肉放進去煮 90 ～ 120 分鐘後取出。

肉取出來之後，再放進煮沸的醬油裡。接著關火，蓋上落蓋（稍微比鍋子還小的蓋子），小心不要讓肉浮在上面，接著靜置 40 分鐘。

將肉從醬油裡取出，待冷卻後切片，然後擺盤。

味噌醬料

材料

・2 種白味噌・豬油・蒜頭
・一味唐辛子（純辣椒粉）・山椒粉・味素

使用來自長野的 2 種白味噌來做為味噌醬料，用油將蒜頭爆香之後，接著再和味噌一起加熱。將它們加熱至味噌和油完全混在一起並呈現肉燥狀，就像用炒的一樣。接著用一味唐辛子、山椒粉、味素來調整味道，注意如果煮太久會讓味噌的甜味消失。要使味噌的味道均衡，吃起來不會太鹹的關鍵在於，煮的時候不要讓味噌的甜味跑掉，因此仔細地調整煮的時間非常重要。營業前先將煮好的味噌和湯頭混在一起，等到有人點餐時再用小鍋子加熱，然後倒進碗裡。

麵條煮好後倒進碗裡，然後倒入熱好的高湯。

把麵條擺正，迅速將炒好的豆芽菜、叉燒肉、肉燥、蔥和生薑泥放上去。炒豆芽菜的人與煮麵和湯的人，各自必須互相配合彼此的節奏，才能做出好吃的拉麵。

將事先混合好的味噌醬料和高湯倒進單柄鍋裡，邊攪動邊加熱。另外，同時開始炒豆芽菜。

用豬油炒豆芽菜，就像要將豆芽菜一根根都混著油一起炒過般地翻鍋，將豆芽菜快炒至吃起來脆脆。

在煮湯時，同時炒豆芽菜。就像要將豆芽菜一根根都混著豬油一起炒過般地翻鍋，然後將豆芽菜快炒至吃起來脆脆的。

麵條煮好後倒進碗裡，然後倒入混著焦煮醬油的熱高湯。把麵條擺正，接著將炒好的豆芽菜、叉燒肉、筍乾和蔥放上去。和味噌拉麵一樣，炒豆芽菜的人與煮麵和湯的人必須配合彼此的節奏，才能做出好吃的拉麵。

「焦煮醬油拉麵」的烹調流程

用豬油將蒜泥爆香，仔細炒過之後，蒜頭的香氣會散發出來。

然後，將醬油醬料全掉進去。醬油醬料是用甘露醬油等3種醬油，搭配叉燒肉醬汁，然後花12天所調製而成。稍微煮過，讓醬料帶點焦焦的感覺。

倒入溫高湯，混合後加熱。

拉麵森屋。

用「充滿活力」的食材所做成的拉麵

拉麵的口味有「醬油」、「鹽」、「味噌」,配料則有「滷蛋」、「餛飩」、「叉燒肉」等多樣選擇。菜單雖然簡單,但是主打「不加化學調味料、無砂糖、麵條自製」,並特地挑選能讓人吃的「安心、安全」的食材,因而讓這家拉麵店很受歡迎,不但許多客人會帶小孩一起來吃,甚至還有不少人是特地遠道而來的。

該店不只重視食材的品質,更強調使用的是「充滿活力能量」的食材,例如湯頭便是使用以自然放牧所飼養的雞隻和野生的昆布所熬煮而成,讓人吃了能活力充沛。而事實上,這樣的想法也正是該店在烹調拉麵時的最基本信仰。以如此仔細費心的烹調方式,使每一碗麵的獲利能占商品價格的 5 成 8。

除了以油漬日本國產的蘑菇做為拉麵的配料之外,菜單上還有像是用有機栽培的時蔬以及種類豐富的燉物等餐點也很受歡迎,因此有不少住在附近的居民在晚上會為了吃這些佳餚而特地來此用餐。他們的叉燒肉用的是日本國產的五花豬肉和豬腿肉,掛在吊爐裡用木炭烤得香噴噴的,總是令人垂涎三尺。在麵條方面,使用的麵粉是只用北海道產的小麥所製成,麵條有分細和中粗兩種,中粗麵條還能選擇要不要含雞蛋。

此外,為了打造出能讓湯頭以及食材保持新鮮的環境,該店使用抗氧化溶劑來做為店內塗料,甚至製麵時所使用的容器也是由抗氧化材料所做成的。

叉燒麵(醬油)
春豐麵 1180 日圓

湯頭主要是用整隻山梨的黑富士農場所飼養的放牧雞,再加上日本國產的豬拳骨和天然真昆布所熬製而成。此外,滷蛋也是用自然放牧所生產的雞蛋,而香味油則是雞油。將五花肉和豬腿肉用吊爐烤成叉燒肉,然後在「叉燒麵」上各放三片,為了不讓這碗「叉燒麵」吃起來太膩,因此特別挑選不會太肥的五花肉來做成叉燒肉。

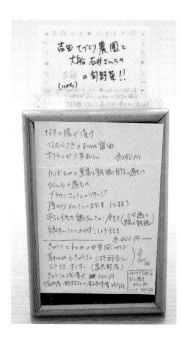

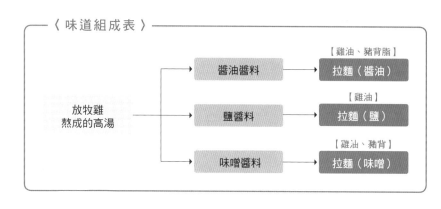

〈 味道組成表 〉

放牧雞
熬成的高湯 →

- 醬油醬料 → 【雞油、豬背脂】 拉麵（醬油）
- 鹽醬料 → 【雞油】 拉麵（鹽）
- 味噌醬料 → 【雞油、豬背】 拉麵（味噌）

用來自橫濱「吉田手工農園」、大船「石井家的旬野菜」的有機蔬菜來做成當季燉物、小菜、沙拉來做為附餐配菜。

■ SHOP DATA

地址／神奈川縣橫濱市榮區長沼町 339
電話／ 045-390-0881
營業時間／ 11 點 30 分～ 15 點，17 點 30 分～ 23 點
公休日／週二

拉麵（醬油） 760 日圓

在「醬油」、「鹽」和「味噌」這 3 種可供選擇的拉麵之中，「醬油」這款最受歡迎。此外，用帶廣產的蘑菇以橄欖油油封的方式烹調來做成配料亦是該店的另一個特色。「醬油」和「味噌」所用的香味油是以雞油和少許的豬背脂所做成的，放在上面的叉燒同樣都是用吊爐所烤出來，而浸泡筍乾等用來料理所使用的水則是電解水。照片中的拉麵麵條是細麵，一人份 140g。

「三星醬油拉麵」所用的醬油醬料是以和歌山堀河屋野村的生醬油為底，再加上山口的藻鹽和白詰草蜂蜜所調製而成。

「三星醬油拉麵」等限量拉麵的麵條是將北海道產的夢之力（ユメチカラ）、春之戀（春よ恋）、北國之香（キタノカオリ）麵粉做不同搭配所做成的。至於普通麵款的麵則有用100%春豐麵粉做成的中粗捲麵，以及用4種北海道產的小麥所做成的直條細麵。

三星醬油拉麵
（手揉麵） 930 日圓

限量提供的商品。限量款拉麵的麵條是將十勝產的夢之力、春之戀、北國之香麵粉做不同的組合搭配，做成 10 號（約 3mm）粗，斷面呈圓形的手揉麵。此外，點餐時也能選擇普通的細麵條。在香味油方面，這款拉麵只用雞油，裡頭不加豬背脂。

放牧全雞湯

材料

・全雞（黑富士農場的老母雞）
・豬拳骨（日本國產）・豬背脂
・真昆布（函館、天然產）・長蔥・洋蔥
・厚削柴魚片・片口沙丁魚乾・水（電解水）

1 個 36cm 的不銹鋼湯鍋裝 2 隻雞。加入浸泡半天的真昆布、全雞、豬拳骨和豬背脂後開始加熱。1 個湯鍋大約可熬出 40 人份的高湯。由於天然的真昆布不便宜，因此只使用切邊所留下的散昆布葉來熬煮。雞隻是呈現冷凍狀態，稍後將整隻沉入鍋裡。

調理用的水只用電解水，水沸騰之後取出昆布。

用 2 ～ 4 個 36cm 的湯鍋，
細熬慢燉出高湯

高湯主要是用整隻雞熬製而成。在山梨的黑富士農場以放牧的方式飼養一年半的老母雞其肉質結實，能熬出味道豐富的雞湯，因此在熬湯的過程當中，基本上需要考慮的是如何才能保有這雞湯原有的美味。此外，其他的材料也都是日本國產，所用的豬拳骨甚至還有生產履歷可供追蹤。用來熬湯的鍋子是 36cm 的不銹鋼湯鍋，平日煮 2 鍋，在比較忙碌的週六和週日則會煮到 4 鍋。由於小湯鍋可以較快沸騰，且能夠調理的較仔細，因此選擇這樣的湯鍋並彈性調整鍋數來熬煮高湯。熬湯大概是從 7 點半左右開始，到 11 點半開店時便差不多大功告成。

「拉麵森屋。」的湯頭製作流程

將真昆布浸泡半天
↓
加入豬背脂、豬大骨和雞身後開火
↓
沸騰後取出昆布
↓
除去浮渣
↓
將全雞切開
↓
除去浮在表面的清油
↓
加入蔬菜
↓
將全雞切的更細
↓
加入厚削柴魚片
↓
除去豬背脂
↓
加入小魚乾
↓
過濾
↓
冷卻

大概煮了 2 小時之後，接著加入洋蔥、長蔥，由於這種雞不會產生腥味，因此不需要加蒜頭和生薑。為了不讓湯有洋蔥的甜味，因此 1 個湯鍋只放 600g 的洋蔥。

接著繼續將雞切的更碎，可用夾子把肉撕開。

取出昆布，然後撈掉浮在表面的雜渣，用細網除掉雜渣，但小心不要連雞油都撈掉。接著用刀子將雞切開，切的時候可注意盡量朝待會再一次切雞時可切得更細的方式來進行，然後將火候轉弱。

撈掉繼續出現浮渣，然後將浮在表面的雞油除去。

除掉豬背脂後大約再煮 1 小時左右，接著倒進小魚乾。
小魚乾大約煮 10 分鐘左右。

關火後過濾。首
先，先用大的濾
網撈出雞骨。

連雞腳都沉入湯裡後，接著倒進厚削柴魚片繼續熬煮，
火候保持在沸騰冒泡的狀態。

接著再用細的濾網過濾。開始營業時，將高湯倒進小鍋
子裡持續加熱以拿來使用。

加進厚削柴魚片後，撈起豬背脂。將豬背脂倒進食物調
理機裡攪拌，在煮「醬油」和「味噌」拉麵時加入一點點，
和雞油一起當做香味油來使用。至於「鹽」拉麵則只加
雞油。

以醬油醃漬後，用濾網撈起並瀝掉醬油。這裡所用的豬肉是日本國產的生肉，並且皆須附有生產履歷以備萬一出問題時可立即追蹤。

用形狀完整的木炭來點火，然後放在烤爐中央，等到整個叉燒烤爐確實加熱之後，便可將掛上豬肉。

豬肉的美味伴隨著炭烤的香氣，清楚地擴散開來

雖然在還沒搬到現在的位置之前就有在煮豬肉，但是搬遷之後，偶然使用了藤枝市‧所製造的叉燒爐之後，從此改用烤爐並以炭火加熱的方式來烹調。因為這種將豬肉用醬油醃漬後就直接吊在爐裡烤的料理方式極為簡單，因此火候的控制便更顯重要。目前大概 3 天會烤一次，然後一次約烤 30 塊。烤好之後接著會放進冷藏保存，不過因為剛烤好的當天最好吃，因此很多熟客會刻意選在烤叉燒肉的當天晚上來前來光顧，然後把那天剛烤好的叉燒肉當做下酒菜來好好享受一番。

除此之外，這台叉燒爐也經常用在別的地方，例如可用來製造夏天推出的「中華冷麵」上的雞胸叉燒肉，或是在架起網子烤魚來當做晚上的下酒菜，據說用這台來烤，連魚都能輕鬆地烤出它的鬆軟滑嫩。

吊爐烤叉燒

材料

‧豬五花‧豬大腿肉‧醬油‧粗糖

將五花肉和豬大腿肉用水浸泡一晚之後去血，接著用醬油醃料醃漬 3 ～ 4 個小時。醬油醃料是將醬油煮沸，接著去除雜渣後再加入粗糖所做成的。

放在烤爐下方的碗可盛接肉滴出來的油，這些豬油帶著炭火的薰香，等到肉快烤好的時候，油脂會滴下來落在炭火上而燃燒起來，而讓整個炭烤香確實地覆蓋在肉的表面。此外，店家經常也會把叉燒肉的兩側切成小塊，然後用這豬油來炒，接著再加入醬油料來做成「叉燒飯」。因為油脂帶著炭烤的香氣，所以能讓味道更香。

觀察表面烤的情形，並且將竹籤刺進肉裡，然後看看流出來的肉汁其透明的程度以判斷是否已經烤好。如果將肉刺太多次，那麼會加速肉的氧化，因此最好能夠一次完成。

烤好後，待冷卻之後放進冰箱裡存放。為了讓人能確實地感受到「吃肉的滋味」，並且每咬一口都能感覺到豬肉的美味在口中散開，因此將每一塊的厚度都切成5cm。

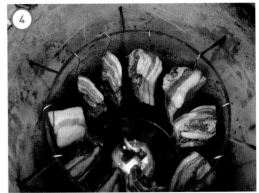

掛豬肉的時候，如果掛在掛勾的是肥肉，那麼容易在烤到一半的時候掉下來，因此掛的時候要選擇用瘦肉的部分。烤五花肉的時間約1個小時半，烤豬大腿肉則需2個小時，因為烤五花肉和大腿肉所需的時間不一樣，所以一開始會先只烤大腿肉。這台叉燒烤爐一次能吊10塊肉。

在烤爐的蓋子上有孔能讓空氣流通，透過這些孔的開闔以調整火候。

在一開始攪拌的時候，將黏在攪拌機葉片上的麵糰去除，然後將整個麵糰攪拌平均，接著做成粗麵帶。

將粗麵帶分成 2 卷，接著再合在一起一次。

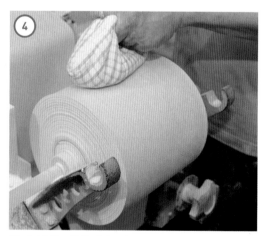

灑一下手粉，接著延壓一次。

備有直條細麵和中粗捲麵，讓客人能自由選擇

細麵是直條麵，這種麵條混合了 4 種來自北海道的麵粉，再加上使用黑富士農場的放牧雞所自然產下的雞蛋所調製而成。至於中粗麵則是捲麵，100％完全只用北海道所產的「春豐」麵粉所做成，裡頭不含雞蛋。加水將含水量調整至 32％左右，接著經過 2 天的冷藏便可拿來使用。由於麵條會帶著嚼勁，因此煮的時候用的是酸性水。

直條細麵

材料

・麵粉：夢之力・春之戀・北國之香・春豐
・雞蛋（黑富士農場的放牧雞）・鹼水・鹽・水

直條細麵的含水量夏天大約 28％，冬季則大約 30％左右。將鹼水和著麵粉，然後攪拌 3 ～ 5 分鐘。

細麵須放在冰箱冷藏 2 天，透過這樣的熟成方式，能夠讓麵條更有嚼勁。由於冰箱裡會結露，因此在裝麵的盒子裡要先鋪上一層塑膠布，接著上面再鋪一層紙，然後再鋪上毛巾，接著才把麵條擺在上面，然後才進行冷藏。除了細麵條，另外也會用 100％春豐麵粉做成中粗捲麵，以及只用十勝產的麵粉來做成限量拉麵專用的麵條。

煮細麵的時間大約 1 分鐘左右，煮麵時用酸性水，如此一來能讓麵條更加 Q 彈有勁。

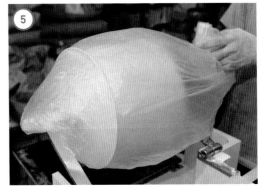

用塑膠布將麵帶包起來，然後放置約 4 個小時。

進行切條作業。將麵條切成 24 號粗，每球為 130～140g。

倒入煮好的麵條。「醬油」的麵是用細麵條，1碗760日圓；另外也能選擇用100%春豐麵粉做成中粗捲麵，1碗880日圓。

接著將用五花肉和豬大腿肉放入吊爐燒烤而成的叉燒肉擺上去做為配料。為了能夠讓人能確實地感受到「吃肉的滋味」，並且每咬一口都能感覺豬肉的美味在口中散開，因此將每一塊叉燒肉的厚度都切成5cm。

拉麵（醬油）的烹調方式

在碗裡倒入一點點的胡椒以及山椒粉，然後再放醬油醬料、雞油以及些許的豬背脂後加以混合。醬油醬料是用來自小豆島以及大分的醬油混合由帆立貝和香菇所熬成的湯汁，接著再加上一點日本酒，然後稍微煮過所調製而成。

倒入熱好的高湯。

筍乾是用鹼水將鹽藏筍乾去鹽，接著用滷肉的醬料、昆布高湯、粗糖和麻油來調味而成。

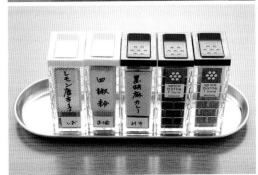

擺在桌上的調味料除了胡椒、七味辣椒粉之外，其他還有鹽拉麵用的檸檬辣椒粉、醬油拉麵用的四椒粉、味噌拉麵用的黑芝麻咖哩粉，讓客人能享受到「味道變化」的樂趣。

橫濱中華麵 維新商店

用「充滿懷舊滋味的中華麵」，做成一碗又一碗讓老少都喜愛的拉麵

店主長崎康太先生 2008 年在神奈川縣的大和市開了「麵屋 維新」，然後 2013 年在橫濱開了「橫濱中華麵 維新商店」，之後「麵屋 維新」在 2013 年搬遷至東京的目黑地區。這 2 間店所推出的拉麵風格雖然不同，但是生意都非常好。

「麵屋 維新」使用比內土雞所熬成的湯汁，充分運用比內土雞雞油本身的鮮美，再配合生醬油而熬成不含化學添加物且口感清爽舒服的高湯。此外，為了讓人吸麵時感覺暢快因而特地將麵條切長，自製的麵條裡頭還添加全麥粉而讓味道聞起來更香。「麵屋 維新」還曾在 2015 年入選成為米其林指南必比登推介（Bib Gourmand）的美食餐廳，因而更加深受女性顧客的青睞。

「橫濱中華麵 維新商店」的湯頭是以美味的深色醬油來燉雞骨為底，再用豬腳和豬背脂讓味道更加濃郁，同時並以生薑來增添風味，烹調出具有古早味印象的中華麵。使用含水量較高的手揉粗麵條混著豬背脂與雞油，由於與湯頭搭配的非常好，因而相當受到歡迎。此外，每碗 690 日圓，加大不加價，就連價格也都充滿讓人懷念的「古早味」，因此每 2 位客人就會有 1 位是點大碗的。另外，最多人點的是裡頭價格最高，上面有放滷蛋、3 枚叉燒肉和餛飩的「特中華麵（1000 日圓）」。平日主要的客人是附近的上班族，不論白天還是晚上，生意總是非常好。除此之外，住在附近的年輕人和老人也都是這裡的常客，客層可說是相當廣，甚至週六、週日也會有越來越多的人特地遠道而來。因此在這個只有 15 個座位的店面，每天都能固定賣出 200 碗以上的拉麵。

中華麵 690 日圓

醬油醬料是用雞骨敖成的高湯，再混合雞油和煮豬肩肉時留下的叉燒肉汁所調製而成。使用含水量較高的粗捲麵，烹調出「充滿懷舊滋味的中華麵」。麵條一份 150g，大碗的 230g，大碗的麵不加價。

在店的 2 樓自製麵條。將麵條放入恆溫高濕庫後擺置一天，要煮的時候用手再抓一抓，讓麵吃起來感覺更加 Q 彈有勁。

沾醬麵 790 日圓

麵條與中華麵一樣，醬料則是另外準備沾醬麵專用的醬油醬料。香味油有混合著炒煮小魚乾油。麵是中份的麵條，1 份 300g，煮麵的時間約 6～7 分。

■ SHOP DATA

地址／神奈川縣橫濱市西區北幸 2-10-21 橫濱太陽大樓
電話／045-324-0767 營業時間／ 11 點～ 15 點，18 點～ 22 點
週六、國定假日　11 點～ 22 點，週日 11 點～ 15 點
公休日／不定期

〈 味道組成表 〉

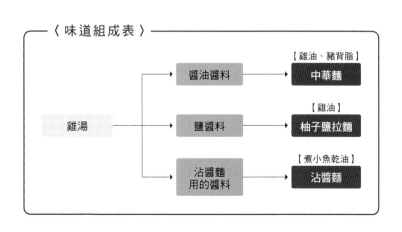

		【雞油、豬背脂】
雞湯	醬油醬料 →	中華麵
	鹽醬料 →	【雞油】 柚子鹽拉麵
	沾醬麵用的醬料 →	【煮小魚乾油】 沾醬麵

雞湯

材料

・帶雞脖子的雞架（高級品種雞）・雞身・雞腳
・豬腳・豬背脂・雞油・生薑・蒜頭・π-water

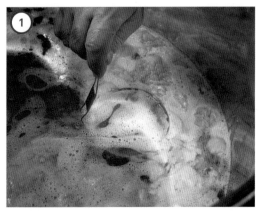

將湯鍋倒滿水後加入雞油，開火使其溶化，接著除去雞油溶化後所產生的雜渣。用來煮高湯的水是 π-water。

除去附著在雞架上的內臟，然後清洗一下。雞身裡面也要清一下。

用雞骨做為主要湯底，
熬出不論老少都愛的湯頭

有效運用雞的美味，努力熬出味道簡單好喝的高湯。為了能確實熬出雞的美味，同時也希望味道能更加利落，因此用較多帶著雞脖子的雞架，並使用高級品種雞來熬湯。此外，為了使湯頭更濃郁鮮美，因此還加了豬腳和豬背脂。希望湯喝起來有種就像「從前的那種中華麵」的感覺，因此放較多的生薑一起煮。熬湯時是用 2 個 51cm 的不銹鋼湯鍋來熬煮，湯熬好之後，接著放置一晚後讓味道穩定後才拿來使用。

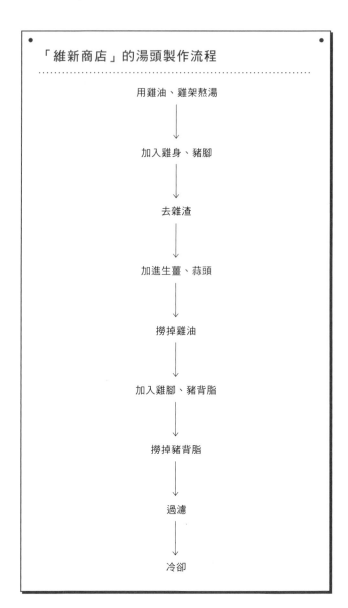

「維新商店」的湯頭製作流程

用雞油、雞架熬湯
↓
加入雞身、豬腳
↓
去雜渣
↓
加進生薑、蒜頭
↓
撈掉雞油
↓
加入雞腳、豬背脂
↓
撈掉豬背脂
↓
過濾
↓
冷卻

煮的時候會出現浮渣，因此要用細網撈掉。一開始要確實地將浮渣清除乾淨，待浮渣去除之後，接著轉成弱火，慢慢地熬煮。

去除浮渣後，加入生薑和蒜頭。為了讓高湯的薑味更加明顯，因此生薑切片後才倒入，每個湯鍋大約放 500g 左右。

雞油溶的差不多時，接著加入雞架、雞身、對切的豬腳後開始熬煮。水量差不多快要能蓋住材料即可，用大火使溫度上升。

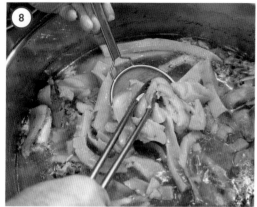

煮了約 2 小時到 2 小時半之後，將豬背脂撈起來。豬背脂撈起來之後，和醬油料一起用壓泥器壓一壓，接著用冰水使之冷卻。

加入蒜頭、生薑後約煮 90 分鐘左右，接著慢慢地舀起表面的雞油後再進行過濾。雞油過濾好之後，立即放入冰水裡冷卻。

雞油撈掉之後，放入雞腳和豬背脂。雞腳和豬背脂放入之後溫度會稍微下降，因此可以將火開大一點。

高湯過濾完畢之後，接著倒入裡頭裝有銅管的鍋子。銅管中有冷水通過，鍋子外面則有冰水，從裡到外兩邊同時進行冷卻，能讓高湯在更短的時間內降溫。冷卻後的高湯接著放進冰箱冷藏一天之後，便可拿來使用。

豬背脂取出後，接著進行過濾。從上面，小心不擾動湯地舀出來過濾。舀湯時，留一點上面的油，讓它像蓋子一樣蓋在表面。

因為裡面有雞骨，所以如果從上面已經無法再順利舀出湯時，接著讓剩下的湯從湯鍋下方的活栓中流出，然後繼續進行過濾。

中華麵用的麵條

材料

- Super Stronger 麵粉（多田製粉）
- 水・鹼水・鹽

使用中筋麵粉，加水 39%～40%，不加雞蛋。將水分 3～4 次加進麵粉裡，然後攪拌混合約 8～12 分鐘。

叉燒肉

材料

- 豬肩肉
- 叉燒醬料（醬油、味醂、日本酒）

將生的豬肩肉洗淨之後，倒入醬油、味醂、日本酒後煮 3 個小時。

豬肉煮好之後，放進冰箱裡冷藏，待肉的風味穩定之後，便可拿來使用。

延壓要進行2次，第1次的厚度壓成5～6 mm，第2次的厚度則是4～5 mm。第2次延壓的時候，麵帶會容易沾黏，因此可以灑一點手粉以方便繼續延壓。

延壓時，同時切條。麵條雖然是切成16號粗（約1．875 mm），但是透過麵帶的厚度來增加切面的面積，使麵條能更容易入味。將麵條分成每份300g，然後一起放入恆溫高濕庫裡擺置一天後，便可拿來使用。

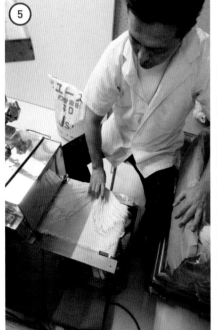

將混合後的麵粉抓成散狀，然後做成2條厚度約4mm的粗麵帶，然後合在一起將厚度壓成6mm，接著再合在一起將厚度壓成8mm。

接著用塑膠布將麵帶包起來，放置15～30分後進行延壓。

將雞油、醬油醬料、生薑泥到進碗裡，然後加熱高湯。

用手將麵條搓揉成能享受到Q彈口感的捲麵，接著大概煮4～4分半左右。

將煮好的麵條倒進去，接著反覆攪拌。

放上叉燒、蔥花、筍乾當成配料。此外，為了在視覺上帶點懷舊的古早味，
因此再擺上一片日式魚板。

拉麵 星印

不論是醬油拉麵還是鹽拉麵，同樣都很吸引人

沖崎一郎曾在知名拉麵店「支那麵屋」的拉麵博物館以及本店工作共計 7 年，之後自己獨立出來開了這家店，靠著淡麗醬油拉麵以及鹽拉麵（限量）而大受好評。

湯頭主要是以雞湯為底，並仔細計算熬出好湯所需的水量和煮的時間。除此之外，還混合了豬骨湯使湯頭更濃郁，另外還加了海鮮高湯讓整體的味道更加豐富。之前也曾經試過雞湯和豬骨湯分開煮，到要有客人點餐時再將這兩種湯混在碗裡使用，但是這樣的湯頭似乎欠缺一體感，所以後來改成熬湯時就直接混在一起煮。這種高湯是給醬油拉麵使用，至於鹽拉麵的高湯則是用竹莢魚和平子沙丁魚乾所熬煮而成。

在醬料方面，醬油醬料是用生醬油和一般醬油共 6 種，再混合蘋果、醋和日本酒以及味醂所調製而成。此外，因為加

鹽會讓整個味道太重，因此醬油醬料裡不加鹽。至於鹽醬料則是用沖繩的海鹽、中國的福鹽，混合鮮蚵、蛤蜊、昆布、香菇、柴魚乾、鯖魚乾以及干貝乾所調製而成。在麵條方面，醬油拉麵用的是 18 號粗的麵；鹽醬油則是用 20 號粗的麵，醬油拉麵的麵條和鹽醬油的麵條的厚度一樣，不過醬油拉麵的麵條會稍微壓得比較扁平。這兩種麵的寬度雖然只有 0.3mm 之差，但是為了讓口感吃起來更好，因此醬油拉麵和鹽拉麵各自使用適合自己的麵條。

在限量款拉麵方面，該店還有推出「酸辣拉麵（850 日圓）」。這款醬油拉麵加了小魚乾、蝦米以及鯖魚乾，再配合味道相當到位的自製辣油和黑醋，散發出一種和風的感覺。此外，加了黑胡椒也感覺非常對味，因而很受歡迎。

特製・醬油拉麵 1050 日圓

熬湯的材料主要是雞身、雞架、雞腳和雞的關節骨，另外再稍微加點豬骨湯，讓彼此互相融合而形成使味道更加豐富。醬油醬料只混合生醬油、白醬油和魚醬等 6 種醬油，調製成味道清爽舒服的醬油。麵條的厚度和鹽拉麵一樣，不過稍微壓得比較扁一點，麵煮好後仔細地將水分瀝乾，讓麵條和湯頭的味道充分融合才算大功告成。這碗麵的湯頭、醬料和麵條全部融為一體且配合得恰到好處，這可說是店主沖崎一郎努力研發才得以完成的精心之作。

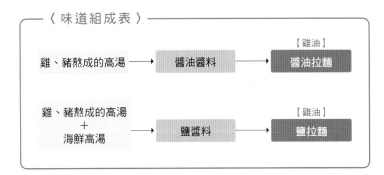

〈 味道組成表 〉

雞、豬熬成的高湯 → 醬油醬料 → 【雞油】醬油拉麵

雞、豬熬成的高湯 + 海鮮高湯 → 鹽醬料 → 【雞油】鹽拉麵

不論是鹽拉麵或是醬油拉麵，麵條都是用中含水量的直條麵。鹽拉麵切得稍微細一點，20 號粗，煮的時間約 1 分 25 秒左右。醬油拉麵的粗細為 18 號粗，煮的時間約 1 分 40 秒左右。

■ SHOP DATA

地址／神奈川縣橫濱市神奈川區反町 1-3-4 RUMINO 反町
電話／045-323-0337　營業時間／11 點 30 分～ 15 點，
18 點～ 21 點
週六、週日、國定假日 11 點～ 15 點（如果材料用完會提早打烊）　公休日／週二

鹽拉麵 750 日圓

湯頭和醬油拉麵一樣，另外再混合了用竹筴魚與平子沙丁魚所熬成的高湯。鹽醬料用鮮蚵、蛤蜊、昆布、香菇、柴魚乾、鯖魚乾以及干貝乾所熬成的湯汁混合沖繩的海鹽和中國的福鹽所調配而成。至於所用的麵則是比一般鹽拉麵的麵條還要稍微細一點的中含水量的直條麵。香味油是用雞油，由比內土雞和名古屋交趾雞的雞油所混合而成。

雞湯

材料

- 名古屋交趾雞的雞身・山水土雞的雞身
- 阿波尾雞的雞骨・山水土雞的雞腳和關節骨
- 比內土雞的雞油・生薑・蔥葉
- 叉燒肉用的五花肉和豬肩肉・熬湯用的昆布
- 香菇乾・飛魚乾・柴魚片・鮪魚乾

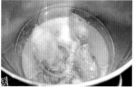

將附在雞架上的內臟取下後，用水沖乾淨。因為是用 π-water 來熬湯，所以雞身不需要用菜刀剁開也行，最後會自己散開。

將全雞、雞骨、雞腳、雞關節骨、雞油放進 60cm 的湯鍋後加水。煮的時候，讓水位低一點，使整個湯鍋能充分加熱。接著放進陶瓷塊，蓋上蓋子後開始加熱。

沸騰之後去除雜渣，將火轉弱。去除雜渣的這項作業，只有在投入材料後那次進行，如果將雜渣除的太乾淨，可能會連高湯的鮮美都被除去。

降低水位，讓湯鍋內的溫度一致的方式來熬煮

高湯主要是以雞為湯底，然後以小火的方式熬煮，接著依各種材料能熬出味道的時間，由慢到快依序放入鍋裡煮，最後才放進魚乾。熬湯用的水是 π-water，為了讓湯鍋裡的水充分地產生對流，使鍋面和鍋底、內與外的溫度一致而不產生溫差，因此挑選了容易加熱的 60cm 不銹鋼鍋，然後以低水位的方式來進行熬煮。此外，高湯裡還會加入少許的豬骨湯，這是為了讓整個湯頭喝起來更濃郁、感覺味道更豐富。雖然曾經試過將將雞湯和豬骨湯分開來煮接著再放入碗中混合，但是總覺得味道無法融合在一起，因此後來才改成像現在這樣，在熬湯的過程中就先倒入豬骨湯來一起煮。

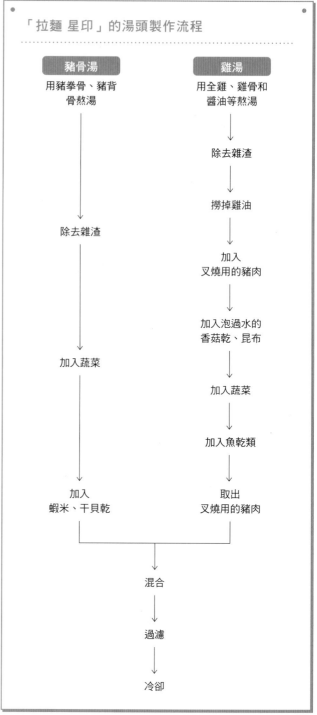

「拉麵 星印」的湯頭製作流程

豬骨湯
用豬拳骨、豬背骨熬湯
↓
除去雜渣
↓
加入蔬菜
↓
加入蝦米、干貝乾

雞湯
用全雞、雞骨和醬油等熬湯
↓
除去雜渣
↓
撈掉雞油
↓
加入叉燒用的豬肉
↓
加入泡過水的香菇乾、昆布
↓
加入蔬菜
↓
加入魚乾類
↓
取出叉燒用的豬肉

混合
↓
過濾
↓
冷卻

大約再煮 1 小時之後，加入飛魚乾、厚切柴魚乾、鮪魚乾。撈除浮出來的雜渣。煮雞湯時，中途不加水。

大約煮 1 小時半後撈除雞油。先用單柄鍋舀，接著將單柄鍋裡的清油撈起，然後移到別的容器進行冷卻。

豬肩肉丟進去後，約 1 個小時半後取出，由於想要保留豬肉原有的美味，因此不要煮太久。

雞油撈除完畢之後，接著放入要做成叉燒肉的豬肩肉和五花肉，火候維持在小火。

五花肉丟進去後，大約煮 2～2 個小時半讓肉變軟。因為是靠近豬臀部位的五花肉，脂肪比較少，所以要煮久一點好讓肉能變得柔軟。

雞油撈除完畢之後，接著放入要做成叉燒肉的豬肩肉和五花肉，火候維持在小火。

大約煮 2 個小時半左右之後，加入蒜頭和白蘿蔔，白蘿蔔有消除豬腥味的效果。煮沸之後，如果有出現浮渣則撈掉。

倒入蔬菜大約煮 1 小時左右，接著再放干貝乾、蝦米然後繼續熬煮。如果有出現浮渣則撈掉。

豬骨湯

材料

・豬背骨・豬拳骨・白蘿蔔・蒜頭・蝦米
・干貝乾

將豬拳骨、豬背骨泡在水裡後去血，接著用 36cm 的鋁鍋熬煮，水一樣是用 π-water，同樣用較低的水位搭配中火來熬湯。用 60cm 的湯鍋來煮雞湯，依比例而用 36cm 的湯鍋來煮豬骨湯。

煮沸之後除去雜渣。清除雜渣之後，大約再煮 2 個小時半左右。煮的途中不加水。

為了讓整碗拉麵呈現出一體感，因此在肉的入味以及麵的烹調上做了不少努力

該店特別重視一碗拉麵完成時裡頭的高湯、醬料以及配料互相配合所形成的滋味如何。例如，將煮好的麵放進湯裡時，湯頭的味道也會跟著改變。因此麵煮好後，必須要仔細地瀝乾，讓麵條與湯頭能夠彼此交融。此外，特別挑選日本國產的豬肉來做成叉燒肉，因為這些肉本身的味道就已經很好吃了，因此幾乎不再加調味料入味。至於配料的烹調也是經過仔細研究，在調味上須避免影響到湯頭的滋味，卻又讓豬肩肉和五花肉能彰顯各自的美味。

叉燒肉

材料

‧豬肩肉‧五花肉‧醬油‧味醂‧日本酒

將豬肩肉煮成能確實地享受到吃肉的口感，五花肉則是要煮軟一點。五花肉因為是靠近豬臀的部位所以脂肪較少，因此要煮久一點；另外，五花肉也要特別注意調整煮的情形。

將煮熟的豬肩肉和五花肉用醬油、味醂和日本酒來燉煮，用少許的醬汁煮 10 分鐘後，翻面再繼續煮 10 分鐘，煮到肉稍微有帶點顏色即可。

雞湯＋豬骨湯

叉燒肉用的豬肩肉和五花肉從煮雞湯的鍋子中取出後，接著將豬骨湯連骨頭一起倒進雞湯鍋裡混合。預定最後要煮出 55 ℓ 的高湯，因此這時順便調整水位。

在火候方面，用小火一直煮約 1 小時，待雞湯和豬骨湯完全融合在一起後，進行過濾。為了不要讓湯混濁，首先，先用網子靜靜地撈起骨頭和肉片，然後慢慢地過濾。

在水槽裡裝滿水後使湯鍋稍微降溫，接著放進冰箱冷卻。隔天，將冷卻而浮在上面成固體的油脂撈掉後，便可在營業時一邊加熱一邊拿來使用。

1人份的醬油拉麵的麵條為 150g，煮的時間為 1 分 40 秒。將麵條放進煮麵機的撈麵杓裡煮，接著放在平底網篩上，確實地將麵攤平瀝乾。

照片是醬油拉麵的烹調方式。將醬油和醬油醬料倒入熱好的碗裡，接著用單柄湯鍋倒進加熱好的高湯。

讓麵從平底網篩上滑進碗裡，接著用筷子將麵放進湯裡翻一翻，刻意讓湯頭和麵條能彼此相互交融並調整麵條，最後再擺上配料即大功告成。

KaneKitchen Noodles

為了讓雞湯更加鮮美，不斷地精進烹調方式

開幕的時間是在 2016 年的 12 月。在此之前，原本是在埼玉縣朝霞市的飲食店裡，借店家休息日的空檔來經營。KaneKitchen Noodles 雖然是新的拉麵店，但是由於烹調技術一流，在埼玉時代就大受拉麵愛好者的好評，因此一開張就立刻成為很有人氣的拉麵店。

在租其他店面經營的時期，該店賣的是「醬油拉麵」和「清湯小魚乾拉麵」這兩款拉麵，之後又再增加了「鹽拉麵」和「沾醬麵」這兩款限量拉麵。其中，最受歡迎的是在埼玉時代就有的「醬油拉麵」。這款拉麵的湯頭是以雞湯為底，為了讓湯頭能吃出更多雞的鮮美，因此增加雞的品種和使用數量，並加以組合變化。此外，為了突顯雞的美味，豬骨和蔬菜等其它配合的材料也都經過特別挑選。不但煮的步驟、烹調的溫度

都經過考慮，甚至今仍持續不斷地研究並改良其烹調方式以及用來做為材料的雞種該如何搭配組合。這篇取材的時間點是 2017 年的 7 月，當時主要是用整隻老母雞來燉湯，不過店家表示從 11 月開始預計要改用土雞的雞身和雞架來熬湯，並增加丹羽黑雞、名古屋交趾雞、吉備雞和阿波尾雞的雞骨量。為了讓湯頭更香，並且讓人喝了之後更感覺意猶未盡，目前也正在試作其它的湯頭；此外，用來搭配的醬油醬料也正在研究如何改良當中。

除此之外，今夏推出的「冷番茄搭配 4 種小魚乾湯汁的冷麵 for Italian 2017」以及在秋天推出的「牡蠣鮮汁拉麵～海潮香」等季節限定的拉麵，目前也很受矚目。

味玉・醬油拉麵 880 日圓

大量使用 3 種知名雞種和味道極佳的老母雞，並加入豬拳骨湯以提高雞的美味來熬成清湯。此外，熬湯時還加了昆布、香菇等乾貨以及貝類來補足只用雞來熬湯所不足的甜味，使味道更加豐富。醬油醬料強調色香味美，用多種醬油調配而成。至於配料方面則有用雞胸肉和豬肩肉做成的 2 種叉燒肉，還有以柴魚高湯醬油為底所煮成的滷蛋，另外再加上筍乾、白蔥和山芹菜。最後淋上點雞油，讓整碗拉麵的味道更香，使人口水直流。

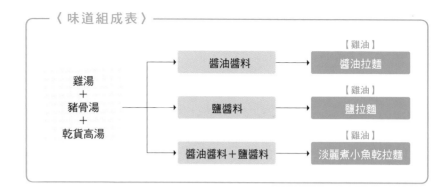

《 味道組成表 》

雞湯
＋
豬骨湯
＋
乾貨高湯

→ 醬油醬料 → 【雞油】 醬油拉麵

→ 鹽醬料 → 【雞油】 鹽拉麵

→ 醬油醬料＋鹽醬料 → 【雞油】 淡麗煮小魚乾拉麵

■ SHOP DATA

地址／東京都豐島區南長崎 5-26-15 Machi-
Terrace 南長崎 2F-A2F-A

電話／03-5906-5377

營業時間／11 點 30 分～15 點，18 點～21 點

週日 11 點～15 點

公休日／週一

鹽拉麵 780 日圓

使用和「醬油拉麵」相同的湯頭。鹽醬料是由來自沖繩的海鹽
シママース、蒙古的岩鹽和給宏德的海鹽以及瀨戶內海鹽這 4
種所調製而成。如果只放鹽，那麼味道會不夠甘甜，因此還加
了泡過水的乾貨搭配牡蠣、蛤蜊所熬成的湯汁，接著再加入雞
湯混合。麵條是向東京久留米的「三河屋製麵」所特別訂購的
中粗直麵條。考量作業上的效率，因此整個菜單上煮麵時間都
改過，全部都用同一種麵條。舒服的鹽味配上筍乾和紅洋蔥，
讓人食慾大增。

豬骨湯

· 豬拳骨

將清洗過的豬拳骨和水倒進小湯鍋裡，開始沸騰時先去除雜渣，接著不要讓湯一直沸騰，調整火候煮 6 小時。煮的過程需視情況加水，讓湯最後能保持在 2～3 ℓ。

雞湯

· 名古屋交趾雞 2 隻 · 吉備雞 2 隻
· 阿波尾雞的雞架 5kg · 剁雞翅 6kg
· 老母雞 12kg · 豬拳骨 1/4 個 · 真昆布 18g
· 香菇乾 18g · 平湖小魚乾 75g
· 宗田柴魚乾 35g · 鯖魚乾 15g · 蛤蜊 100g
· 蘋果 1/2 顆 · 洋蔥 1/2 顆 · 水 25 ℓ

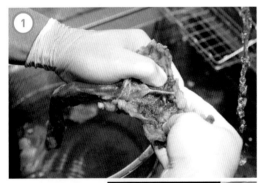

去除附在雞架上的內臟，因為內臟會讓湯有雜味，所以需用水沖洗乾淨。將水倒入湯鍋後，先放進雞架，煮湯時如果雞架被碰到便會整個散掉，因此要放在最下面。

熬成清湯的秘訣在於溫度的控制以及不讓雞骨翻動

「如果要把店開在東京都內，那麼濃一點的湯頭會比較吸引人」，店主金田廣伸說。熬湯時，以氣味迷人的名古屋交趾雞全雞、吉備雞全雞以及阿波尾雞的雞架為底，再加上鮮味十足的老母雞，讓整個湯的味道飽滿實在。接著，再用剁過的雞翅讓湯更濃稠，使味道更加深沉豐富。熬湯前，雞骨、雞身的前置作業非常重要，因為如果內臟沒有完全清除乾淨，那麼會讓湯有雜味，所以要非常注意。此外，為了熬出清澈的高湯，煮湯時必須小心不要讓雞骨移動，同時還要留意溫度的控制。先用 50～60℃ 的溫度熬 1 小時，接著再將火力提高到 94℃ 繼續煮 3 小時半～4 小時才算大功告成。熬湯時，中途還會加進用水浸泡過的魚乾以及用慢火燉 6 個小時而成的豬骨湯，不過何時該加進去，則需依照高湯當時的香氣和味道來決定。

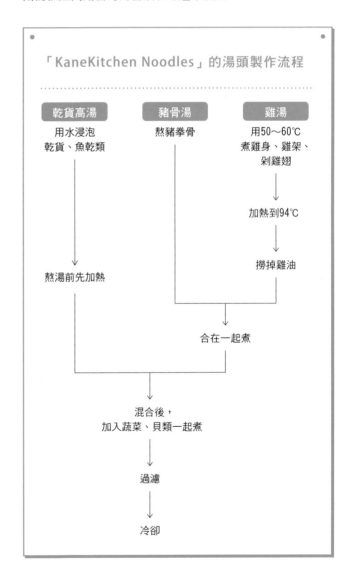

「KaneKitchen Noodles」的湯頭製作流程

乾貨高湯	豬骨湯	雞湯
用水浸泡乾貨、魚乾類	熬豬拳骨	用50～60℃煮雞身、雞架、剁雞翅

加熱到94℃

↓

撈掉雞油

熬湯前先加熱

合在一起煮

混合後，加入蔬菜、貝類一起煮

↓

過濾

↓

冷卻

吉備雞同樣也是要將殘留的內臟去除,將雞身切成兩半之後,味道便很容易出來。

剩下的老母雞也是一樣將內臟洗淨,然後放進湯鍋裡。接著將碗盛水後壓在上面,使雞架不會移動。讓溫度保持在 50～60℃ 之間,然後煮 1 小時左右。

溫度加熱至 94℃,煮大約 1 個半小時到 2 個小時之後,將浮在上面的清油撈起當做雞油使用。油撈起來之後先倒進透明的容器裡,如此一來,分離的湯和油能看得更清楚。油具有蓋住高湯的功能,因此可保留一點在湯裡,不需全部都撈除。

將電磁爐的溫度設定在 57℃,然後開始加熱,接著將洗好的剁雞翅放在雞架上。因為電磁爐能一直保持在所設定溫度而不需要特地調整火候,所以在煮的時候會比較方便。

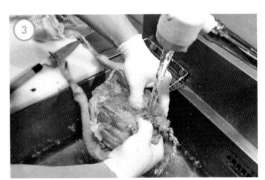

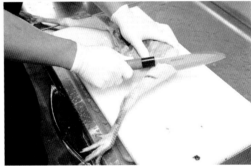

接著,將名古屋交趾雞殘留的內臟去除,用菜刀將雞腿、翅膀、脖子等剁開,讓味道更容易出來後倒進鍋裡。

加入切過的蘋果和洋蔥，不過由於這會讓溫度稍微下降，因此再次將溫度加熱至94℃，接著持續煮30分～1個小時左右。

最後用顏色和香氣來判斷湯是否熬好，在取材的當時，這鍋湯是將溫度加熱到94℃，然後花3小時45分完成。

用手將放在上面的雞身取出來，小心不要動到下面的雞架。因為雞身一開始就放在上面，所以煮好湯後很容易取出。

把細的濾網疊在粗濾網的下面，然後用這2層濾網進行過濾。用小鍋子慢慢地把湯舀起來，小心不要動到下面的雞架。

雞油撈除之後，再倒入用別的鍋子煮好拳骨湯。由於拳骨湯幾乎不會出現雜渣，因此不需要再過濾。

接著再把裝滿水的碗放上去，然後以94℃的溫度煮1小時。

將香菇、小魚乾、柴魚乾、鯖魚乾用乾淨的水浸泡後稍微加熱，然後倒進鍋子裡。蛤蜊去鹽之後，直接帶殼放進鍋裡。

重視色香味的均衡，混合多種醬油

混合多種醬油而調製出色香味俱全的醬油醬料。例如溜醬油是取其味濃與深沉，深色醬油和二次釀造醬油則是取其色味，至於生醬油則是取其香，充分發揮各自的特色，讓彼此融為一體。醬油會以 62 ～ 64℃的溫度加熱 1 小時後才使用，不過由於生醬油怕熱，因此要最後才加進去以增添風味。考量到「高湯會妨礙醬油的香氣」（金田氏），因此醬料只用醬油和調味料來調配。此外，裡頭還有加一點沙丁魚醬來提味，使味道更加鮮美。

醬油醬料

材料

- 尾中醬油・日本一醬油・弓削多醬油・笛木醬油
- 尾張溜醬油・正金醬油・沙丁魚醬・味醂
- 酒・醋

除了非加熱醬油的日本一醬油之外，將其它的材料全倒進鍋裡，然後以 50 ～ 60℃的溫度煮一小時。稍微冷卻之後，放進冰箱一晚，隔天開始使用並於一週內用完。醬油煮好後，最後再混合正金醬油，如此一來便算大功告成。

當湯已經無法順利用小鍋子舀出來時，直接將鍋子傾斜把湯倒進濾器裡過濾。雞架如果崩塌會造成湯的混濁，因此要慢慢地把湯倒出來。

湯過濾好之後用冰水使之冷卻，要在 1 小時內讓溫度降到 20 ～ 25℃。溫度如果沒有盡快下降，那麼會讓香氣散掉，進而加速湯的敗劣。

接著，把高湯放進溫度設定在 3℃的冰箱裡一晚後，便可拿來使用。高湯冰過之後，凝固在上面會油脂會造成雜味，因此必須清除乾淨。

用電磁爐將溫度保持在 65℃，然後加熱 45 ～ 55 分，可用手摸摸看袋子以確認加熱的情形。

稍微洗過後，放進 250℃的烤箱裡烤 15 分鐘，讓表面烤得脆脆硬硬的。因為和豬油一起以真空的狀態加熱，因此烤好後就像油封肉那樣濕潤柔嫩。

豬肩叉燒肉

材料

- 豬肩肉・鹽・Krazy Salt・豬油
- 醬油・鹽麴

選用 1 塊約 2kg 大小的豬肩肉，然後切除表面的脂肪。

將叉燒肉做成能夠另外加點的雞、豬肉單點料理

這裡的叉燒肉（雞胸肉、豬肩肉）也是很受歡迎的餐點。因為每 2 人就有 1 人會要求點叉燒肉比較多的叉燒麵或是要求特製拉麵，因此光是白天營業的時候，豬肩叉燒肉就需用掉 6kg。為了能夠不只做為拉麵的配料，同時希望也能當做可以另外加點的「單點肉類料理」，因此特地使用香料鹽、並活用真空包裝機來調理，讓味道充滿特色。

雞湯

材料

- 雞胸肉（青森縣產）・鹽
- Krazy Salt（香料鹽）・豬油

去掉雞胸肉的皮，均勻地灑上鹽和 Krazy Salt，然後放進冰箱冷藏一晚。

隔天，用廚房紙巾去除肉表面上的水氣，然後進行真空包裝，此時可把稍微加熱過的豬油裝進去。

用電磁爐將溫度保持在 65℃，然後加熱 4 小時以上。可摸摸看袋子以確認加熱的情形。

將它從袋子裡取出，放入由醬油和鹽麴混合而成的醬汁裡浸泡一天。

接著放進 250℃的烤箱裡烤 30 分鐘，讓它烤出香味，待裡面呈現柔嫩的狀態即可。

均勻地灑上鹽和 Krazy Salt，然後放進冰箱冷藏一晚。

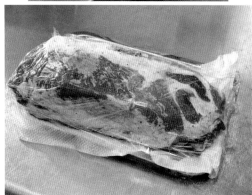

隔天，用廚房紙巾去除肉表面上的水氣，加一點豬油後進行真空包裝。

將 30ml 的醬油醬料和 5ml 的雞油倒進熱過的碗裡，接著再倒入 300ml 熱高湯。雞油是將吉備雞的雞皮和蘋果一起煮過以做為提味，接著再用浮在高湯上面的清油所調製而成。

麵煮 55 秒，然後撈起放進碗裡。這個麵條是特別向東京久留米的「三河屋製麵」訂製的中粗直條麵，1 份為 140g。另外，將麵條的長度切長一點，這樣吸麵的時後能讓香氣更加四溢。

配料有分別用雞胸肉和豬肩肉做成的 2 種叉燒肉，筍乾、白蔥和滷蛋。將豬肩叉燒肉切厚一點，讓人在吃的時後能徹底地感覺到那肉質的軟嫩。

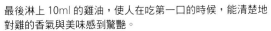

最後淋上 10ml 的雞油，使人在吃第一口的時候，能清楚地對雞的香氣與美味感到驚艷。

雞麵屋 五色

低鹽少油。理念是做出方便消化又對身體健康的拉麵

開店的理念做出「對身體健康」的拉麵，堅持低油少鹽，不使用上白糖或味素等調味料，在食材方面則是使用日本國產的食材，強調使用不含添加物的東西。每週一次用青竹手打出的自製麵條也是盡量降低鹼水的用量，並徹底堅持這樣的信念。熬湯時選擇用雞來熬，這是因為雞的脂肪其熔點比豬還要低。為了不會造成消化上的負擔且「方便消化」，因此菜單是以雞白湯和鬥雞清湯這2種湯頭為主軸來做設計。「雞麵」的湯頭是招牌的雞白湯，為了完整地呈現雞的鮮美，所以刻意不添加雞油。味道雖然濃郁卻不油膩，吃完之後感覺清爽舒服，非常具有特色。用信洲黃金鬥雞所煮出來的「鬥雞麵」則是這家店的另一個招牌，湯頭雖然是清湯，但是滋味卻相當濃厚。

除了只用少量的水來熬出美味之外，另外還使用帶膝關節的雞腳來熬湯，因而讓整個高湯充滿膠質。此外，這家店還有另一個特色，那就是限定菜單非常具有個性。例如每週星期三才有的「青竹手打麵」是用長野縣高筋麵粉「華梓」和長野縣產的「石臼研磨全麥粉」這2種麵粉所做成，透過不同比例的組合、改變含水量和粗細，讓每週所推出的麵條都能有不同的特色。至於每月菜單所推出的限定麵則發揮了曾在多國料理店擔任主廚的經驗，不論是使用自製的薑汁汽水所做成的氣泡拉麵，或是在生牛肉上淋上醬汁的乾拌麵等，皆能發揮創意且不受傳統的料理方式所束縛，而讓常客讚不絕口。

沾醬麵 850 日圓

使用青竹手打麵，只有在週三才吃的到的限定麵款。麵條的粗細以及麵粉的組合等每週都進行更新，而用來搭配的沾醬料也會跟著更新。這天的手打麵用的是粗麵條，搭配的沾醬則是濃郁的雞白湯（鹽）。

〈 味道組成表 〉

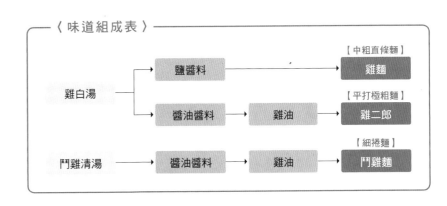

雞白湯	→ 鹽醬料		【中粗直條麵】 → 雞麵
	→ 醬油醬料	→ 雞油	【平打極粗麵】 → 雞二郎
鬥雞清湯	→ 醬油醬料	→ 雞油	【細捲麵】 → 鬥雞麵

■ **SHOP DATA**

地址／長野縣松本市白板 1-1-13

電話／0263-33-0853

營業時間／ 11 點 30 分～ 21 點 30 分

（如果湯用完會提早打烊）

公休日／週二、第 4 個禮拜的週一

規模／ 5 坪、8 席　客單價／ 800 ～ 850 日圓

用基本的鹽醬料，再加上深色醬油所調製而成的醬油醬料，這是用來煮「雞二郎」的醬料。

雞麵味玉 900 日圓

希望能夠做出不靠鹽和油，只用雞汁就能很好吃的白湯。因為能確實地嘗出雞的鮮美，所以不添加雞油。配料有蔥、水菜、筍乾、岩海苔、雞肉叉燒（雞腿肉和雞胸肉）。

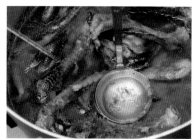

熬鬥雞清湯的時候所取出的雞油(照片)只用在「鬥雞麵」上;至於「雞二郎」,如果是用煮雞白湯時所產生的雞油,那麼會讓味道變得很糟,因此所用的雞油是從別處取得,而非來自高湯所產生的雞油。

用信州黃金鬥雞做成的 2 種叉燒肉。雞腿叉燒肉的表皮有灑上黑胡椒,肉的部分則是沾了鹽醬料後再用平底鍋煎過;雞胸叉燒肉則是由蔥、生薑和深色醬油所做成的醬料稍微烹調而成。

雞二郎 750 日圓

不違背「健康」這個概念，卻又能表現出「大份量」的一碗拉麵。加在雞白湯裡的醬油醬料稍微多一點，使鹽的味道能更明顯，配料是和蒜頭一起煮的高麗菜以及用水煮過的洋蔥。

週三限定的青竹手打麵，能夠依自己的喜好選擇做成拉麵還是沾醬麵。

「鬥雞麵」用的是 18 號粗的細捲麵（左），「雞麵」用的是 18 號粗的圓麵條（前面），「雞二郎」用的是 18 號粗的粗扁麵（右）。

雞白湯

材料

・帶脖子的雞架（阿波尾雞）
・雞腳（信州黃金鬥雞或肉雞）

將帶著脖子的雞架先經過解凍、去血，然後用水浸泡一晚，接著用水沖洗，並且將雞心去掉。如果腸子沒有除乾淨，那麼會讓湯有異味，因此必須仔細地去除。至於雞肺因為不會影響味道，所以可以放著不用除掉。

用阿波尾雞熬成的濃郁雞白湯與用信州黃金鬥雞熬成的奢華鬥雞清湯

高湯有使用阿波尾雞所熬成的「雞白湯」，以及只用信州黃金鬥雞所熬成的「鬥雞清湯」這2種。因為肉雞的骨頭和雞身有特殊的「味道」，因此熬這2種高湯時都不加。由於不管是阿波尾雞還是信州黃金鬥雞，都是特地訂購肉質飽滿的優質雞，所以店主西澤寬佳說「熬湯時，不需要用到整隻雞」。因此熬出來的高湯，就連原本應該是清淡口味的鬥雞清湯，喝起來卻相當帶勁，一點都不輸鮮味十足、味道濃郁而口感溫和的雞白湯。雖然是清湯卻能熬出濃濃的鮮美，其關鍵在於「用最少的水來熬湯」。店家說，水倒進鍋子之前，會先將空的湯鍋塞滿雞骨，接著再用最少的水量來熬煮，如此一來便能萃取出鮮美。

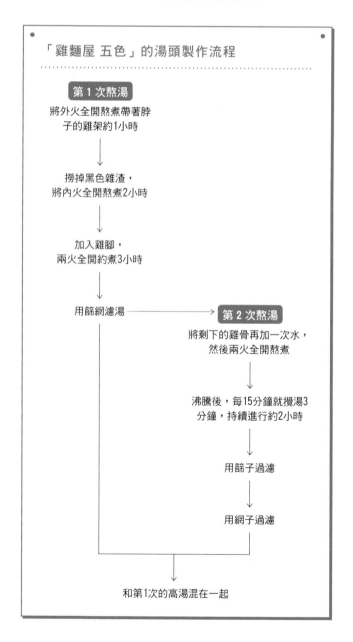

「雞麵屋 五色」的湯頭製作流程

第1次熬湯

將外火全開熬煮帶著脖子的雞架約1小時

↓

撈掉黑色雜渣，將內火全開熬煮2小時

↓

加入雞腳，兩火全開約煮3小時

↓

用篩網濾湯 ————→ **第2次熬湯**

將剩下的雞骨再加一次水，然後兩火全開熬煮

↓

沸騰後，每15分鐘就攪湯3分鐘，持續進行約2小時

↓

用篩子過濾

↓

用網子過濾

↓

和第1次的高湯混在一起

2 小時過後倒進雞腳，打開外火，並將火力全開，然後繼續煮 3 小時。

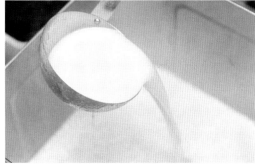

用篩網濾湯。

將剩下的雞骨再加一次水，然後兩火全開以大火熬煮。沸騰之後，每 15 分鐘就攪湯 3 分鐘。湯沸騰後，持續進行這項作業約 2 小時。

將雞腳用水沖 10 分鐘，並剝掉雞爪上的皮。

加水至完全蓋住帶著脖子的雞架，然後開火並將外火開到最大。

煮大約 1 小時之後會出現雜渣，只撈掉黑色的雜渣。撈掉雜渣之後便關掉外火，只用內火繼續煮 2 小時。

鬥雞清湯

材料

- 帶脖子的雞架（信州黃金鬥雞）
- 帶著膝關節的雞腳（信州黃金鬥雞）・水

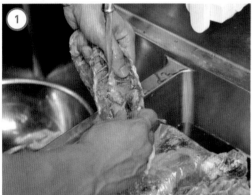

將經過解凍、去血的雞架用水浸泡一晚後清潔乾淨，接著用水沖洗，將殘留在帶著脖子的雞架上的雞心、雞肝等內臟全部清除掉。接著剝掉雞爪上的皮。

將水倒進鍋子之前，先把帶著脖子的雞架塞滿湯鍋，然後再把雞腳放上去。

煮到感覺差不多很滑順的時候便可關火（大約煮2小時），接著用篩子過濾。

⑧的高湯用篩網過濾，然後加到⑥的高湯裡。接著將湯放進冰箱一晚，待隔日便可拿來用。

用白胡椒提味做出滋味簡單
且帶著日式高湯風味的筍乾

活用由羅臼昆布和柴魚花所熬成的高湯，做出
滋味簡單的筍乾。由於堅持「不用上白糖」，
因此用白胡椒來增加風味以代替甜味。因為羅
臼昆布的「"昆布感"明顯，鮮味也夠強」，
因此昆布選用的是羅臼昆布。

筍乾

材料

・鹽漬筍乾・水・羅臼昆布・柴魚花
・深色醬油・白胡椒

將鹽漬筍乾泡在水裡約 30
分～1 小時去鹽，另外，將
羅臼昆布泡水以做成高湯汁。

用中火煮羅臼昆布，在水快沸騰之前將昆布取出。接著
倒入柴魚花，等到水沸騰的時候再將火轉弱。

將水倒入鍋子，水位差不多接近快淹過材料即可，接著
只用內火並轉成小火來進行熬煮。為了不要讓湯滾沸，
需隨時注意調整火候，然後持續煮 6 個小時。溫度大約
保持在 90℃，注意不要讓水滾沸冒泡。

開火煮 4 個小時
之後，將浮在表面
的油撈掉，然後將
撈起來的油做為雞
油使用。

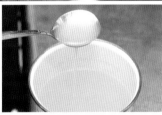

將火轉弱後，繼續煮 2 小時，接著進行濾湯。將煮好的
湯放進冰箱一晚，待隔日便可拿來用。

鹽醬料和醬油醬料
有效率地調製這 2 種醬料

為了讓做出來的醬料不會死鹹、吃起來沉穩舒服以達到 " 畫龍點睛的效果 "，因此水是用能容易熬出味道的富氫水，鹽使用的是手工搓揉過的高知日曬鹽，至於醬油則是用不加氨基酸的大久保釀造醬油。煮「雞麵」時，會直接用它來當做 " 鹽醬料 " 使用，不過如果是「鬥雞麵」和「雞二郎」則還會再混合深色醬油以做成 " 醬油醬料 " 來使用。與醬油混在一起的時候，盡可能待高湯汁冷卻後才使用，如此一來可防止醬油產生雜味。

鹽醬料

材料

- 羅羅臼昆布・水・日曬鹽（美味海）
- 白醬油（笹之露）・深色醬油（金泉東）

用水浸泡羅臼昆布約 3 個小時以做成高湯汁。

開大火，煮沸後關火。

濾掉柴魚花，接著將深色醬油和白胡椒加入熱高湯裡。

將擦乾的筍乾倒進③後稍微煮一下，等到溫度有點下降後便可拿來使用。

用 2 種麵粉做成
種類豐富的手打麵

用長野縣產的高筋麵粉「華梓」和長野縣產的「石臼研磨全麥粉」這 2 種麵粉，透過不同比例的組合、改變含水量和粗細，讓每週的麵條都有著不同的特色。「華梓」香氣迷人，能讓麵條吃起來 Q 彈有勁，因而受到青睞。為了保留麵粉原有的風味，因此盡可能將鹼水的用量減到最低，至於不足的嚼勁則用雞蛋來補強。

> ### 青竹手打麵

材料

- 華梓（長野縣產的高筋麵粉）
- 石臼研磨全麥粉（長野縣產）
- 粗鹽·鹼水液·全蛋·水·手粉（太白粉）

將總重為 1kg 的華梓麵粉和全麥粉輕輕地用手混合，這天的比例是華梓麵粉 750g、全麥粉 250g。

粗鹽（30g）、鹼水液混合全蛋（2 顆），然後加水至總重達 400g 為止，接著將全部的材料混合並仔細攪拌。

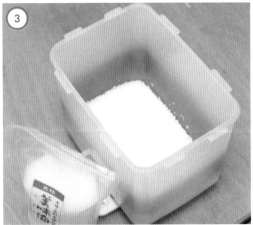

將日曬鹽裝進容器裡，倒入熱高湯，待溫度稍微下降。

等到③降為常溫之後，加入白醬油和深色醬油，接著放入冰箱一晚後，便可拿來使用。

接著，將剩下的水全都倒進去混合。一開始雖然是將含水量設定在 40%，不過再用噴水的方式繼續加水成最適當的狀態，因此最後的含水量大概會是在 45 ～ 48%左右。

等到麵粉的顆粒變大後，將它和成一團，然後用力壓揉。

①一半的量以繞圈的方式倒入②的麵粉裡，用手指將水和麵粉和在一起，仔細地讓每粒麵粉都有和到水，這樣做出來麵條就不容易斷掉。

將麵粉均勻地揉成棉絮狀，接著將剩下的水倒一半進去，然後繼續搓揉。

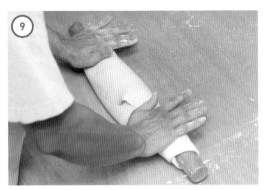

待麵皮已經無法再用擀麵棍繼續延展，此時用擀麵棍將麵皮捲起來，接著將捲好的麵皮由外往內反覆滾動 3 次。

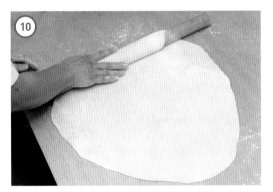

將麵皮轉 180 度後攤開，用擀麵棍將麵皮由外向內捲起，捲好之後再由外往內來回滾動 3 次。接著，把擀麵棍轉 90 度後將麵皮攤開，然後再從前面將麵皮捲起來，如此反復進行 3 次。接著再轉 180 度，然後進行同樣的動作 3 次。

將擀麵棍以斜 45 度的方式攤開麵皮，如此麵皮會變成四角形，接著由外往內捲起麵皮，然後延壓伸展，如此反復進行 3 次。接著再將麵皮轉 180 度，繼續反覆進行延壓伸展 3 次。

麵糰揉成整塊後，裝進塑膠袋裡，在常溫下靜置 2 小時以上醒麵。

接著灑一點手粉，用力將麵糰擀開來，使用擀麵棍然後噴一點水，讓麵團能均勻地壓成麵皮。

轉 90 度後，麵皮會呈現長方形，此時可看一下麵皮的厚度如何。如果感覺太厚，那麼再由外往內將麵皮捲起來、延壓、反轉，如此反復進行 3 次。接著再次轉 180 度，然後進行延壓伸展 3 次。

等到感覺厚度應該差不多的時後，便可將麵皮捲起，然後抽出擀麵棍，接著用青竹來壓長條狀的麵糰。壓的時後，先從中間開始向左壓，左邊壓好之後，接著再從中間向右壓。右邊也壓好之後，接著往左繼續壓過去。

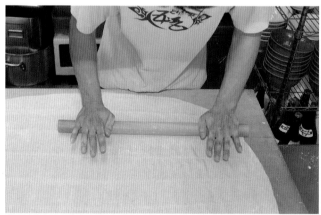

將麵皮轉 180 度，然後繼續將麵皮壓開。用擀麵棍延壓麵皮時，同時也讓麵皮保持平整光滑。如果想要讓麵皮再薄一點，那麼再重新回到⑬的步驟。

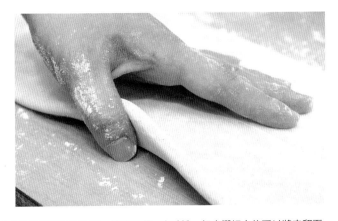

在表面灑上多一點的手粉，然後將麵皮由外往內對摺，灑上手粉。接著由內往外將麵皮再對摺，然後再灑一次手粉。麵皮摺好之後可以將它翻面使麵皮的邊邊朝內，如此一來，可以更容易地將麵條切工整。

用切麵板（駒板）和切麵刀，一邊壓著一邊將麵皮切成麵條。切麵條時，將刀子稍微傾斜讓切麵板跟著移動，用這個角度順便調整麵條的粗細。分一下麵量，然後將每一球麵分別用塑膠袋包好，然後放進冰箱裡冷藏，放置 2 晚之後便可拿來使用。

麵屋 佐市 錦系町店

濃縮了牡蠣的鮮美，不加化學調味料的高湯，一天可賣 200 碗！

使用具有高級食材印象的牡蠣來做成湯頭和配料，東京錦系町的「麵屋 佐市」的拉麵給人感覺相當豪華。雖然不加化學調味料，但拉麵的味道卻相當濃郁深沉，彷彿直接把牡蠣吞進肚裡一樣而的滋味，而讓客人讚不絕口。在這 9 坪 10 席的空間，平均一天的客人為 200 人，到了周末大概約可到 400 人，可說是很受歡迎的人氣店。該店於 2012 年 9 月開幕，然後在 2016 年 11 月開設了幡谷分店。

店主東方田裕之為了開發出不使用加化學調味料來做出目前很流行的海鮮拉麵，因此針對能夠熬出鮮味強烈的素材進行了各種研究。此外，因為原本經營的是法式餐廳，所以該店現在仍會用奶油來煮湯，同時並研發且融合西洋料理的烹調技術。剛開始營業時有推出鮮蝦和牡蠣這 2 款拉麵，但是為了加深客人的印象，所以改成只專門賣牡蠣這款麵，即使成本高一點也所不惜，成功地搖身成為一家"不賣別的"只賣牡蠣拉麵的拉麵店並獲得不少好評。

該店的湯頭還有配料都有使用牡蠣，而且每碗的牡蠣甚至竟然高達大約 8 顆。採購不帶殼的冷凍牡蠣，將精華濃縮在裡面的小顆牡蠣主要是用來熬湯，至於外觀也很有看頭的大顆的牡蠣則是用來當做配料。由於東方田先生出身自知名的牡蠣產地—廣島，透過以廣島為中心而大量地向業者採購的方式，盡可能地將成本壓低。不過雖然如此，他們仍然能將價格設定在獲利約 5 成左右，然後努力做出別家所模仿不來的絕妙滋味。

佐市麵 1150 日圓

將該店的主打商品，用牡蠣來熬湯並做成配料的「牡蠣·拉麵」900 圓再放上豬肩叉燒肉和滷蛋等全部配料所組成的豪華拉麵款。1 碗麵大約有 8 顆牡蠣，1 份湯頭還內含 70g 由牡蠣和奶油所熬煮而成的醬汁。湯頭不添加化學調味料，喝起來感覺濃厚又深沉，像是在直接喝牡蠣一樣。

人氣拉麵店所精心鑽研的烹調技法

東京・錦系町

麵屋 佐市 錦系町店

■ **SHOP DATA**

地址／東京都墨田區錦系 4-6-9 小川大樓 1 樓
電話／03-3622-0141
營業時間／週一～週四 11 點 30 分～23 點 30
分，週五和週六 11 點 30 分～24 點，週日和國
定假日 11 點 30 分～22 點
公休日／全年無休

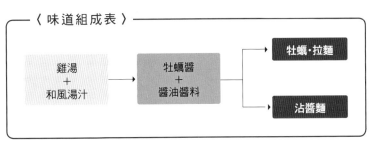

〈 味道組成表 〉

雞湯＋和風湯汁 → 牡蠣醬＋醬油醬料 → 牡蠣・拉麵 / 沾醬麵

挑選稍微大一點的牡蠣來做為配料，將牡蠣解凍、煮過之後，用奶油快炒，然後加醬油醬料調味。盡量避免一次做很多放著，盡可能少量然後做好幾次。

牡蠣・拉麵 900 日圓

該店的標準牡蠣拉麵。考慮客層，
將價格設定在 1000 日圓以下，
且讓利潤約占 5 成左右。牡蠣非
常飽滿，經常有許多客人喝完酒
後，會特地跑來這裡享用。麵條
是用 Q 彈有勁的中粗捲麵，1 份
160g。

沾醬麵 900 日圓

針對沒有很喜歡牡蠣的客人，
店家亦準備了用壓力鍋所煮成
的豬肩叉燒肉來做為配料以取
代牡蠣。這碗沾醬麵的醬油醬
料和湯汁會稍微少一點，牡蠣
醬的用量則相同。

在店門口還有放著看板，
裡頭寫著關於對材料的講
究與對味道的堅持，讓人
覺得很專業。

雞湯

材料

· 雞架（有帶脖子與不帶脖子）· 雞腳
· 生薑（切片）· 白蔥的綠葉· 水

雞架與雞腳的使用量為 3 比 1，雞架同時使用有帶脖子與不帶脖子兩種。將材料整理之後，去除髒污與血渣，接著倒進壓力鍋裡。

為突顯牡蠣濃郁的滋味
使用味道清澈的雙高湯

不論是拉麵還是沾醬麵，湯頭同樣都只有 1 種。事先將雞骨和雞腳等熬成的「雞骨湯」混合以柴魚乾和宗太鰹魚乾等海鮮熬成的「和風高湯」，有客人點餐時再用小鍋子加進「牡蠣醬」以及醬油醬料來調味。決定這湯頭味道的關鍵是最後加上去、滋味相當濃郁的「牡蠣醬」。高湯底所扮演的角色主要是在襯托「牡蠣醬」，因此熬湯時選擇讓湯的味道不會太強烈。

在熬湯的時候，考慮到效率還有瓦斯成本，因此特別選擇使用壓力鍋。「雞骨湯」使用 40kg 的雞骨，因而讓湯頭帶著濃濃的鮮美。熬湯時，等到冷卻之後才仔細地將油脂去除，因此煮好的湯沒有雜味，給人一種清澄舒服的滋味。「和風高湯」的材料有昆布、香菇和鯖魚乾，使用壓力鍋，同樣能在較短時間內熬煮完成。

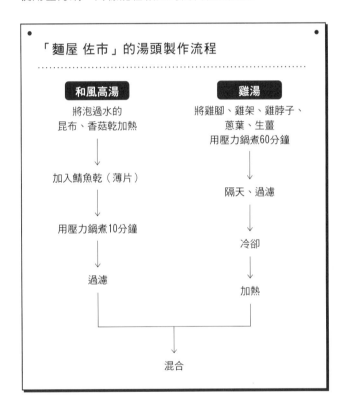

「麵屋 佐市」的湯頭製作流程

和風高湯	雞湯
將泡過水的昆布、香菇乾加熱	將雞腳、雞架、雞脖子、蔥葉、生薑用壓力鍋煮60分鐘
↓	↓
加入鯖魚乾（薄片）	隔天、過濾
↓	↓
用壓力鍋煮10分鐘	冷卻
↓	↓
過濾	加熱

混合

到了隔天早上，將壓力鍋接上管子，使裡面的液體移到深湯鍋裡。由於壓力被釋放，因此無法直接只用管子抽出液體，所以必須再用壓力鍋專用的裝置加壓來運送高湯。

壓力鍋的上面會浮著一層雞油，在那層油被抽出來之前停止運送高湯，讓取出來的高湯能夠保持清澄，接著分成小袋放進冰箱。

和風高湯

材料

- 昆布 ・香菇乾・鯖魚乾（粉碎）・水

為了到時用同樣的比例和「雞湯」混合在一起，因此煮之前要考慮水量的多寡。將水倒進壓力鍋裡，加入昆布、香菇乾後加熱，到沸騰之後加入粉碎的鯖魚乾，然後加壓。加壓之後再加熱 10 分鐘，然後靜置 1 小時。

倒進生薑片、白蔥葉，加水。不加壓，蓋上一般的蓋子，加熱至沸騰。

沸騰之後，將壓力鍋的蓋子蓋上，密封之後加壓。加壓之後繼續加熱 1 小時，接著關火，不打開蓋子，然後一直放到隔天早上。

豬肩叉燒肉

材料

- 豬肩肉・深色醬油・味醂・蒜頭・生薑
- 上白糖・鷹爪椒

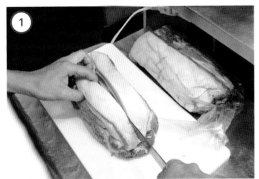

將日本國產的豬肩肉塊縱切成 2 半，使肉塊呈現細長狀。

將 1 塊豬肩肉以及除了深色醬油外的其他調味料（味醂、蒜頭、生薑、上白糖、鷹爪椒）放進壓力鍋。

解壓之後，打開壓力鍋的蓋子，將昆布等材料取出後進行過濾。

雞湯＋和風高湯

將冷藏好的雞湯加熱，然後混合剛煮好、還是溫熱的和風高湯。接著急速冷卻後放進冰箱。到營業時，每次只取少量的高湯進保溫機，一邊加熱保溫一邊拿來使用。

將豬肉從壓力鍋裡取出,待冷卻之後冷藏。剩下的滷汁則拿來做為滷蛋所用的醬料。

三種小菜組合 550 日圓

將拉麵用的配料組合成小菜,可當做下酒菜來享用。裡面有滷蛋、奶油炒牡蠣、豬肩叉燒肉、蔥花和苜蓿芽。

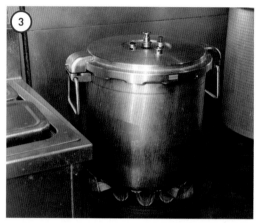

蓋上蓋子後開始加熱,加壓之後再加熱 5 分鐘。

關火後釋壓,打開蓋子倒進深色醬油。接著再次蓋上蓋子加熱,加壓之後加熱 10 分鐘,然後靜置 2 小時。

將牡蠣取出來之後瀝乾。過濾掉剩下來的湯，然後繼續
煮成更濃稠的湯汁。

將湯汁一直煮下去。等到水分幾乎都快被煮乾時，將從
④取出來的牡蠣混在一起。

牡蠣醬

材料

・牡蠣・豬油・蒜頭・生薑・奶油（無鹽）

將 5kg 進貨時呈冷凍狀態的剝殼牡蠣解凍後加熱並煮出
湯來，加熱時需不時翻動牡蠣以避免燒焦。

最初的 5kg 牡蠣縮小之後，接著再另外倒進 5kg 的牡蠣，
翻攪之後繼續加熱。

牡蠣的水分會漸漸地跑出來，繼續加熱到這些水分沸騰
為止，整個作業的時間大約是 1 小時。

無鹽奶油溶化之後，用攪拌機攪拌成醬狀。

用冰水使之快速冷卻，由於冰了會凝固，因此先將每份以 70g 分好，接著用保鮮膜包起來放進冰箱。

用豬油將蒜頭、生薑和洋蔥爆香。

蔬菜稍微過火後，將⑤的牡蠣加進⑥裡，然後加以混合。

接著加入無鹽奶油，加熱至沸騰為止。

滷蛋

材料

・雞蛋・叉燒肉滷汁

用滾水煮雞蛋 5 分半至雞蛋呈現半熟的狀態，接著撈起來立刻用冰水冷卻。

叉燒肉的滷汁冷卻之後，先將上面的油脂等雜質去除。接著煮好的水煮雞剝殼後浸泡在叉燒肉的滷汁裡，放上落蓋，然後放進冰箱裡浸一整天。

「牡蠣·拉麵」湯頭的烹調流程

這湯頭是用由壓力鍋煮成的雞骨湯和由香菇乾、昆布、鯖魚乾所煮成的高湯混合而成的雙高湯。營業時，每次取少量的高湯進保溫機裡加熱保溫，每次有人點餐時，才將 1 至 2 人份的量倒入小鍋子裡加熱。接著，再加進牡蠣醬，然後繼續加熱使牡蠣醬融化。

將醬油醬料和溶有牡蠣醬的高湯放進碗裡混合。醬油醬料是用深色醬油和淡色醬油所調製而成，讓味道簡單樸素以避免影響到牡蠣的美味。

拉麵 嚴哲

麵條的滋味深沉，湯頭的口味獨特，讓不少客人特地遠道而來品嘗

從最近的東京地鐵早稻田站徒步要走 10 分鐘才能抵達這家拉麵店，地點雖說不是很好，但卻充滿人氣且總是大排長龍。平松恭幸曾擔任大阪知名的「豐中 麵哲」的店長，然後在 2014 年 4 月開了這家拉麵店。承襲了之前在大阪所學習到烹調技術，並發揮創意，用大阪的味道在東京一決勝負。

該店最大賣點是他們的自製麵條，其特色在於入口滑順，口感 Q 彈有勁，使用來自內蒙古的天然鹼水和鹽，混合了 2 種麵粉所調製而成。為了讓客人吃到的麵條所呈現的是最佳狀態，因此不接受客人要求「麵硬一點」或是「麵加大」。此外，不論是湯頭或是叉燒等配料的組成，也都是以如何讓麵吃起來更棒來做考量。

店裡的兩大招牌商品分別是「醬油拉麵」與「鮪魚鹽拉麵」。「醬油拉麵」是先將味道鮮美溫和的滋賀縣的淡海土雞熬成清湯，接著再混合香氣迷人的和風高湯來做成湯頭。「鮪魚鹽拉麵」則是將清湯混合了使用關東常見的薄鮪魚乾（しび）所熬成的高湯，味道清爽，感覺相當高雅。

除此之外，不論是在東京很少吃到的東大阪風的「中華麵」（850 日圓），或是能好好享受一番淡海土雞美味的限量「雞麵」（1200 日圓）也都很受歡迎。另外，他們不但也有推出每週更新的創意鹽沾醬麵來做為週末限定的拉麵款，而只用「白腹鯖」、「貽貝」等天然海鮮所做成出的嶄新菜單也充滿話題性，讓愛吃拉麵的人總是情不自禁地想一再前來品嘗。

肉醬油 1000 日圓

這碗麵能嘗到烤豬腿肉、豬肩肉以及用滷肉做成的 3 種叉燒肉。混合清湯與和風高湯所熬成的湯頭，裡頭加了用 3 種醬油所調製而成的醬料。湯頭舒服又好喝，能讓人直接享受到拉麵的美味。

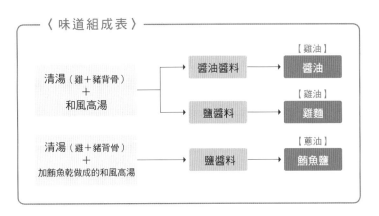

〈 味道組成表 〉

清湯（雞＋豬背骨）
＋
和風高湯 → 醬油醬料 → 【雞油】醬油

→ 鹽醬料 → 【雞油】雞麵

清湯（雞＋豬背骨）
＋
加鮪魚乾做成的和風高湯 → 鹽醬料 → 【蔥油】鮪魚鹽

■ SHOP DATA

地址／東京都新宿區西早稻田 1-10-4
電話／03-6302-1281
營業時間／
11 點 30 分～ 15 點，18 點～ 21 點
公休日／週一（若週一為假日則不休息，
改為週二休息）

鮪魚叉燒的做法是先將鮪魚塗過洋蔥醬料後加熱，然後用日本酒來進行火焰烹調（Flambé），接著再用鹽醬料高湯稍微燙過之後，才擺上去當做配料。

鮪魚鹽 990 日圓

這是平松先生在擔任「豐中 麵哲」店長時所想出來的拉麵。不論是將鮪魚乾所熬成的和風高湯混合清湯所做成的湯頭或是麵條，都有加了來自內蒙古的鹽。配料則是使用蒜頭和麻油來讓味道更香的鮪魚叉燒肉。

清 湯

材料

・帶脖子的雞架（淡海土雞）・雞身（淡海土雞）
・豬背骨・豬肩肉・煮完豬腿肉的湯汁
・豬肩肉所切掉的肥肉部分・蒜頭・生薑・水

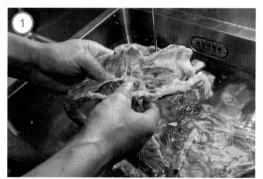

選購事先處理過冷凍雞架和雞身，稍微用水沖洗後裝進湯鍋（54cm）裡。將煮叉燒肉用的豬肩肉所切掉的肥肉也加進去。

將豬背骨泡水去血、川燙並洗過後倒入鍋裡，接著再將叉燒肉用的豬肩肉和豬大腿肉煮完後的湯汁也倒進去，然後加熱水。蒜頭和生薑只是用來去腥，因此只需放少許進去。開大火進行熬煮。

為了突顯麵條的美味，
不讓湯頭的味道過於強烈

全部的拉麵，基本上用的湯頭都是雞清湯。由於該店最大的賣點是他們的自製麵條，為了讓客人能好好地品嘗出它的美味，因此特別想辦法讓清湯的味道深沉，但喝起來卻又不會感覺口味太重。熬湯時，選用脂肪多且味道自然甘甜的整隻帶脖子的淡海土雞來熬煮，接著再透過豬背脂，補足了只用雞來熬湯所無法呈現的力道。因為一開始就直接用大火煮而讓雜渣完全浮出來，因此撈除雜渣只需要進行 2 次即可。雜渣撈除之後，為了避免湯熬太久使味道過重，因此熬湯只用 4 小時來完成。接著，該店兩大招牌商品中的「醬油」拉麵還會再混合用真昆布、柴魚乾、鯖魚乾所熬成的和風高湯，至於「鮪魚鹽」拉麵則會再混合用真昆布和鮪魚乾所熬成的鮪魚鹽專用湯頭，喝起來感覺相當高雅舒服。

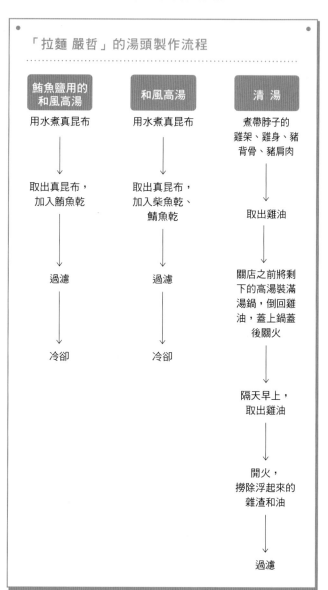

「拉麵 嚴哲」的湯頭製作流程

鮪魚鹽用的和風高湯	和風高湯	清 湯
用水煮真昆布	用水煮真昆布	煮帶脖子的雞架、雞身、豬背骨、豬肩肉
↓	↓	↓
取出真昆布，加入鮪魚乾	取出真昆布，加入柴魚乾、鯖魚乾	取出雞油
↓	↓	↓
過濾	過濾	關店之前將剩下的高湯裝滿湯鍋，倒回雞油，蓋上鍋蓋後關火
↓	↓	↓
冷卻	冷卻	隔天早上，取出雞油
		↓
		開火，撈除浮起來的雜渣和油
		↓
		過濾

雜渣清除乾淨之後，將浮在表面的雞油暫時撈起。雞油如果不撈起，那麼雞油會就像鍋蓋一樣蓋住湯，使高湯在油的底下進行對流進湯混濁。雞油撈起並過濾後，先移到小鍋子裡。

將裝著蒜頭和生薑的篩子放回去，使湯的溫度保持在快要煮沸的狀態持續熬4小時。在關店前，倒入賣剩的高湯並裝滿湯鍋，接著將雞油倒回去。讓湯沸騰一次後，接著蓋上蓋鍋蓋並關火，如此一來，能讓高湯到隔天早上溫度仍保持在60℃以上。

這是隔天早上湯頭的狀態。在開火前，將浮在上方的雞油濾過後移至小鍋子裡。這個雞油會拿來給「醬油」拉麵跟「雞麵」使用。

溫度上升之後會開始浮出雜渣，此時先不要攪動鍋子。除去表面的雜渣，為了除渣方便，可以先把裝著蒜頭和生薑篩子拿掉。

撈除完表面的雜渣後，為了使附在雞架裡或骨頭內側的雜渣也浮上來，因此將它們翻面。從鍋底用力地攪動高湯，將像是要將裡面的材料全部都換過位置一樣，火候則繼續保持在大火。

過一會之後，浮渣又會開始出現。用細的濾網確實地將雜渣清除乾淨，花多一點的時間仔細將雜渣徹底清除到沒有為止。

鮪魚鹽用的和風高湯

- 真昆布・鮪魚乾（去血合肉）
- 水（軟水、π-water）

前一天先將真昆布泡水。接著開火，以 85℃來煮。為了煮出昆布的鮮美，使用混合軟水和 π-water 的水。

撈起真昆布後關火，接著加入鮪魚乾。攪拌使鮪魚乾下沉，接著靜置約 10 分鐘。

雞油取出後開火。當雜渣和油浮起來時，仔細地撈除。將湯移至 51cm 的湯鍋，並同時進行過濾。

湯移到湯鍋後開火，然後再撈除掉浮出來的雜渣後，拉麵用的高湯便算大功告成。為了讓高湯呈現清澈透明的狀態，因此殘留在湯鍋底的高湯不拿來過濾使用。

4 種不同口味的叉燒肉，
好吃又不影響湯頭的滋味

「醬油」和「鮪魚鹽」都放的是滷肉（豬肩肉）叉燒，由於是在熬清湯時一起放進去煮的，因此用在鮪魚鹽拉麵也不會影響到湯頭的味道。而「肉醬油」則有烤豬腿肉和豬肩肉所做成的叉燒肉，能讓人一次享受到不同的口味。至於「鮪魚鹽」則是用沾著洋蔥醬、味道很香的鮪魚叉燒肉來做為配料。

> 豬腿叉燒肉

材料

・豬腿肉（SPF 豬 *）・深色醬油・蒜頭・生薑

將豬腿肉放入鍋裡後倒水，將帶皮的蒜頭、生薑直接放進去，然後以 70℃ 熬煮 30 分鐘。蓋上落蓋，用深色醬油醃漬 90 分鐘，接著放進冰箱裡冷藏。

將高湯移至小鍋子，同時進行過濾。用力將鮪魚乾擠壓出高湯直到一滴不剩。但如果做為沾醬麵等用的冷醬汁，則不進行擠壓以避免湯汁的味道太過強烈。高湯煮沸一次後接著進行冷卻。

*SPF 豬：無特定病源豬

烤豬肩叉燒肉

材 料

・豬肩肉（SPF 豬）・鹽・胡椒・蒜油

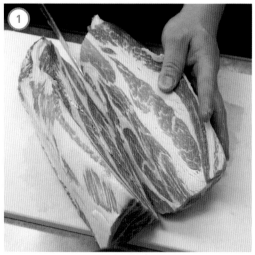

將豬肩肉的肥肉部分去除後對切，肥肉的部分則可用來做為熬清湯的材料。

灑鹽、胡椒，因為肉比較厚，所以要確實地灑滿整塊肉。接著以繞圈的方式灑蒜油，然後用手搓揉讓味道進去。

滷豬肩叉燒肉

材 料

・豬肩肉（SPF 豬）・深色醬油

熬清湯時，將豬肩肉丟進去一起煮。過80分鐘後取出，蓋上落蓋，用深色醬油醃漬90分鐘，接著放進冰箱裡冷藏使鹹味變溫和。

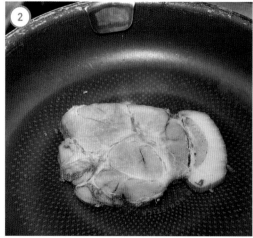

在開店前讓它回到常溫的狀態，有人點餐時才切片，然後用平底鍋加熱以做成配料使用。

由於所購買的短鮪肉塊是散切的，因此每塊的部分都不相同，所以必須一個一個事先處理，將筋、小骨、皮等多餘的部分切除。

加少許和麵所用相同的內蒙古鹽進熱水裡，然後將鮪魚川燙。川燙時，讓味道容易入味即可。將鮪魚稍微燙過即可撈起，接著用冰水冷卻讓顏色保持新鮮。

從冰水裡撈起後，用布徹底地將肉塊上的水擦乾。將每塊都包上保鮮膜，接著放進冰箱，以0℃的溫度進行冷藏。等到有客人點餐時才取出、切片並加以烹調。

用150℃的烤箱烤30分鐘，並且在烤的過程中換位置。

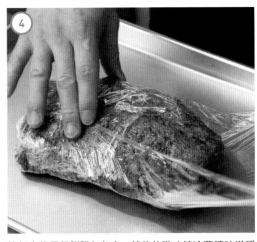

烤好之後用保鮮膜包起來，然後放進冰箱冷藏讓味道穩定。

鮪魚叉燒肉

材料

‧短鮪魚‧鹽（內蒙古產）‧鹽水

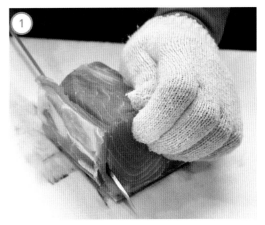

將冷凍的短鮪（天然產）用與海水濃度相同的3％鹽水（40℃）稍微泡一下後，放進冰箱裡冷藏。接著將筋和皮等部分去除，然後切成大塊。

製麵時，
追求的是入喉滑溜且 Q 彈有勁

使用的麵條通常有 2 種，分別用在「醬油」、「鮪魚鹽」以及東大阪風的「中華麵」。為了追求入喉滑溜以及吃起來 Q 彈有勁，因此特別使用內蒙古產的天然鹼水和鹽。「醬油」、「鮪魚鹽」用的麵條，為了增加嚼勁，因此還加了彈力十足的名古屋交趾雞蛋。由於東京的水比關西還硬，為了讓麵條更加柔軟，所以使用由軟水和 π-water 所混合而成的水。此外，為了「讓客人吃到的麵條所呈現的是最佳的狀態」，因此不接受客人要求「麵硬一點」或是「麵加大」。

麵條（醬油、鮪魚鹽用）

材料

- 高筋麵粉（澳洲優質硬麥）
- 中筋麵粉（澳洲標準白小麥）
- 雞蛋（名古屋交趾雞蛋，SS SIZE*）
- 天然鹼水（內蒙古產）・鹽（內蒙古產）
- 水（軟水、π-water）

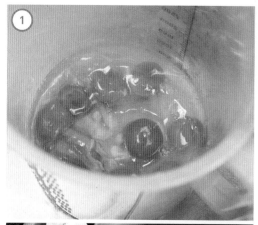

將天然鹼水、鹽、雞蛋混合、攪拌。使用蛋白富有彈力的名古屋交趾雞蛋，讓麵條帶著嚼勁。在攪拌的比例上，1kg 的麵粉配 1 顆雞蛋。

＊ SS size：日本農林水省所制定的規格，雞蛋的重量 40 公克達以上而未滿 46 公克屬 SS size

筍乾

材料

- 鹽漬筍乾・叉燒肉醬汁・雞清湯（淡海土雞）
- 黑芝麻油・辣油・水飴（糖漿）

先將鹽漬筍乾用熱水煮過以除掉鹹味，接著將筍乾放進鍋裡，加入叉燒肉醬汁和雞清湯，然後一直煮到水分乾掉為止。

加入黑芝麻油、辣油和水飴，然後邊攪拌邊炒。為了不影響湯頭的味道，因此使用甜味纖細的水飴，且也會使筍乾看起來較有光澤。

進行第 2 次的合併。由於麵粉裡的含水量高，為了不讓麵帶黏在切條機上，因此捲麵帶時需灑上手粉。此外，為了讓麵帶的厚度均等，因此捲的時候需仔細慢慢調整。

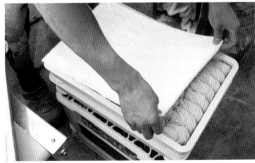

延壓時同時切條，將麵條切成 18 號粗的直條麵，依每份150g 分好。接著，蓋上毛巾，以常溫進行熟成直到麵條呈現淡棕色。通常所需的時間為 12 ～ 16 小時，不過根據不同的季節，熟成的時間也會跟著調整。

將硬麥和白小麥麵粉倒進真空混合機，然後加水攪拌。硬麥麵粉加多一點，水則加到使含水量達 40%。接著減壓，然後啟動真空混合機。

麵粉混合成豆渣狀後，慢慢地通過滾軸以做成粗麵帶。製作麵條的房間需放置除濕機，讓濕度隨時保持在40%。

將麵帶做成2片，然後進行第1次的合併。

混合成豆渣狀後，做成粗麵帶。

將粗麵帶做成 2 片，然後進行第 1 次的合併。合併需進行 2 次。

第 2 次合併時，邊灑麵粉邊捲麵帶。捲麵帶時，需隨時調整使麵帶的厚度均等。

延壓同時切條，將麵條切成 14 號粗的直條麵，每份 170g。不用熟成，直接於當天營業時使用。

麵條（中華麵用）

材料

- 高筋麵粉（澳洲優質硬麥）
- 中筋麵粉（澳洲標準白小麥）
- 天然鹼水（內蒙古產）
- 鹽（內蒙古產）・水（軟水、π-water）

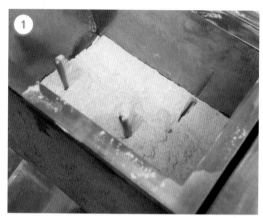

將硬麥麵粉和白小麥麵粉裝入真空混合機，然後稍微空轉一下。為了讓做出來的麵條 Q 彈，因此要加多一點中筋的白小麥麵粉。

倒入鹼水、鹽、水之後攪拌，倒的時候，讓空轉過的麵粉繼續不停地攪動。加水使麵糰的含水量達 34%，接著進行減壓，然後開啟真空混合機。

麵條約煮 1 分 40 秒左右，接著用平底網篩將水瀝乾後倒入碗裡。為了讓客人吃到的麵條是最佳的狀態，因此遇到客人要求麵加大時，改以另加一份麵代替。

「肉醬油」的配料有 3 種叉燒肉、筍乾、蔥、烤海苔。滷叉燒肉（豬肩肉）的肉較厚，因此會先用平底鍋加熱後才擺上去。

「醬油」拉麵的烹調方式

將醬油醬料倒入小鍋子裡，醬油醬料是用淡色醬油和 2 種深色醬油所混合而成。此時，順便用熱水事先將碗溫熱。

接著，將清湯、和風高湯也一起倒入小鍋子裡混合後加熱。和風高湯是用真昆布、本枯柴魚片、鯖魚乾所做成，加了鯖魚乾則可讓滋味更加深沉。

將雞油、蔥花倒入碗裡，接著再倒進熱過的高湯。

將油倒入平底鍋裡，然後快炒鮪魚叉燒。接著倒入日本酒進行火焰烹調，讓鮪魚吸入香氣。

將加熱好的高湯①倒入平底鍋裡，然後稍微煮一下。

鮪魚如果煮太久，吃起來會覺得乾乾的，因此稍微煮過便可以將湯再倒回小鍋子裡。

將鹽醬料、鮪魚鹽拉麵用的和風高湯、雞清湯倒入小鍋子內混合後加熱。

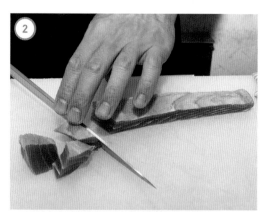

將鮪魚叉燒肉切塊，然後混合含有洋蔥的鹽醬料來加以調味。1 人份的鮪魚叉燒肉有 3 塊。

在碗裡倒入用太白芝麻油做成的蔥油和蔥花，接著將倒回小鍋子裡的高湯倒進碗裡。

麵條約煮1分40秒左右後裝進碗裡，然後將⑤另外做好的3塊鮪魚叉燒肉擺上去。

接著將滷叉燒肉（豬肩肉）、筍乾、紫蘇葉、青蔥、波菜當成配料擺上去。

大星 上田本店

努力做出所有人都喜歡的拉麵，不管跟誰來都能開心地享受這味道

大星在 2006 年成立了上田本店，然後以此為據點陸續開了松本店、安曇野店，在長野縣內總共擁有 3 家店舖。在這座位達 30 席以上的店舖裡，他們的目標是設計並做出能讓一家三代都覺得好吃的拉麵與菜單。該店的招牌是在口感溫和的豬骨湯上灑上豬背脂的「BARIKOTE」拉麵。為了實現"做出所有人都喜歡的味道"的理想，因此用豬拳骨加上雞腳來熬湯，使整個湯頭喝起來溫和自然，清爽舒服。「BARIKOTE」拉麵總共有 4 種，分別是標準款的「白」、博多拉麵風的「ZERO」、有加麻辣肉燥的「赤」，以及淋上蒜香麻油的「海鮮」。在所有客人點的餐點當中，據說這 4 種拉麵在上田本店約占 7 成、松本店約 8 成、安曇野店約 6 成。此外，為了讓客人每次來，

且不管跟誰來都能開心地享受拉麵，因此除了「BARIKOTE」系列之外，其他還有混合了雞清湯和魚高湯所做出來味道十分清爽的拉麵，以及沾醬麵和拌醬麵等，拉麵的種類可說是非常豐富。且不管是哪一種拉麵，基本上味道都相當道地，任誰都能接受，至於特別為了拉麵迷所推出的每月限定拉麵則同樣也博得不少好評。「最近開了新的居酒屋，因而在拉麵的款式上也越來越重視所謂的季節感。接下來，希望能推出"適合當季"的限定麵款」，店主三森大佑說。「希望能發揮經營居酒屋的優勢，同時也能想挑戰推出鮮魚系拉麵看看」，他充滿幹勁地說。今後，大星的目標是以縣內為中心，然後持續拓展新的店舖。

BALIKOTE 白 756 日圓

以豬骨為底並加入雞腳，熬成口感溫和且滋味濃郁的湯頭。上面加著滿滿的碎豬背脂，雖然非常細，但吃起來卻有著顆粒的口感，讓人感到非常滿足。此外，配料上還有拉麵一定要有的半顆滷蛋。

■ **SHOP DATA**

地址／長野縣上田市住吉 102-3
電話／0268-26-2690
營業時間／11 點 30 分～15 點 LAST ORDER，
17 點 30 分～22 點 LAST ORDER
公休日／無休
規模／40 坪、45 席
客單價／白日 850、晚上 950 日圓

〈 味道組成表 〉

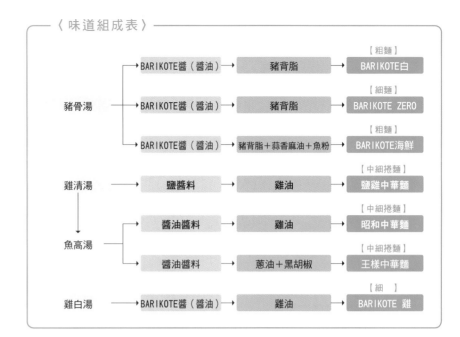

豬骨湯	BARIKOTE醬（醬油）	豬背脂	【粗麵】BARIKOTE白
	BARIKOTE醬（醬油）	豬背脂	【細麵】BARIKOTE ZERO
	BARIKOTE醬（醬油）	豬背脂＋蒜香麻油＋魚粉	【粗麵】BARIKOTE海鮮
雞清湯	鹽醬料	雞油	【中細捲麵】鹽雞中華麵
魚高湯	醬油醬料	雞油	【中細捲麵】昭和中華麵
	醬油醬料	蔥油＋黑胡椒	【中細捲麵】王樣中華麵
雞白湯	BARIKOTE醬（醬油）	雞油	【細】BARIKOTE 雞

BALIKOTE ZERO 756 日圓

以「BALIKOTE 白」為底，然後做成
味道更加濃郁的九州博多風拉麵。
所用的麵是很有咬勁的低含水量麵
條，這原本是為了辦活動所開發出
來的麵條，只要煮 30 秒便可撈起。
為了防止麵條煮好後變得軟爛，因
此還有使用乾燥的蛋白。

BALIKOTE 海鮮 820 日圓

將宗太鰹魚粉倒入豬骨湯裡加以混合，使拉麵的味道厚重沉穩。此外，為了讓海鮮的清爽滋味帶點刺激，因此還加了蒜香麻油。濃郁的湯頭搭配上自製的粗麵，形成一種天衣無縫的絕妙組合。

將豬背脂稍微煮過，保溫一晚使其變軟後便可拿來使用。此外，用來搭配豬骨湯的醬油醬料則添加了中雙糖來調整甜度。

豬骨湯

材料

・豬拳骨・雞腳・香菇乾・蒜頭・水

將洗過的豬拳骨浸泡在 80℃的熱水裡 3 小時，然後去血水。在這過程當中，讓熱水一直開著。接著，將雞腳也稍微洗一下。

將浮在高湯表面的油全部去除，努力熬出不油不膩的味道

希望熬煮出來的湯頭能感覺到鮮美，喝起來卻不濃膩。過去雖然也曾使用豬頭或雞架來熬湯，但考量到與豬背脂的相容性，於是改成像現在這樣用豬拳骨來熬煮。煮湯時還會添加雞腳，這是為了讓湯頭更加滑順。此外，由於叉燒肉也會放進去一起煮，因而讓高湯再疊上一層肉的鮮美，使味道更加豐富。不過，如此一來便會有個問題，那就是五花肉會煮出油來。由該店熬製湯頭的理念是「做出味道不膩且讓人每天都想品嘗的高湯」，因此熬湯時，必須不斷地將浮在上面的油脂撈除掉。高湯熬煮完成之後，接著會放進冰箱放置一晚後才使用，不過在使用前，還會再次將凝固在表面的油脂完全去除後才拿來使用。

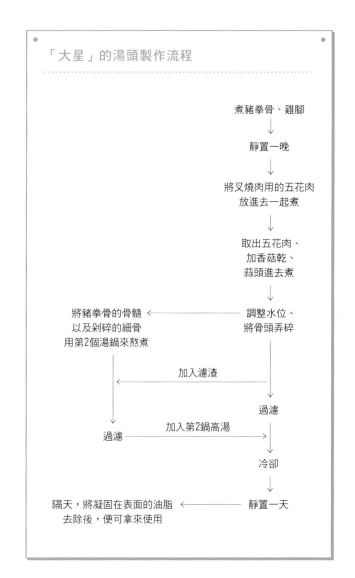

「大星」的湯頭製作流程

煮豬拳骨、雞腳
↓
靜置一晚
↓
將叉燒肉用的五花肉放進去一起煮
↓
取出五花肉、加香菇乾、蒜頭進去煮
↓
將豬拳骨的骨髓以及剁碎的細骨用第2個湯鍋來熬煮　←　調整水位、將骨頭弄碎
↓　　　　　　　　　　　加入濾渣　　　　←
↓　　　　　　　　　　　　　　　　　　　　過濾
過濾　　←　加入第2鍋高湯　→
↓　　　　　　　　　　　　　　　　　　　　冷卻
↓
隔天，將凝固在表面的油脂去除後，便可拿來使用　←　靜置一天

到隔天早上，開大火，沸騰之後將浮在表面的油脂撈除。

接著加入要做成叉燒的五花肉，然後將火調成小火。讓整鍋湯保持在似滾非滾的狀態持續煮 1 小時 30 分鐘，若有雜渣或油脂浮起則需撈除。

倒入豬拳骨，裝滿熱水，然後開大火煮 1 小 30 分鐘，若有雜渣附在泡沫上則需將它撈除。

雜渣去除之後，蓋上鍋蓋，然後用小火煮 2 小時。此時，需仔細地將附著在湯鍋內側的雜渣清除乾淨。

接著倒入雞腳，然後開大火。沸騰之後，改只用外火來熬煮，隨時去除雜渣，然後繼續煮 1 小時。高湯熬成之後，蓋上鍋蓋靜置一晚。

將第 2 鍋高湯用的熱水倒入空的湯鍋裡，然後把豬拳骨內殘留的骨髓敲出來放入鍋中。丟掉豬拳骨，然後將較細的骨頭和雞腳放入第 2 鍋裡。接著開大火，將裡頭的材料敲碎，然後煮 30 分鐘。

將已取出豬拳骨的高湯進行過濾，然後分別倒入 2 個湯鍋裡。接著，將濾出來的濾渣倒入煮第 2 鍋高湯的鍋子裡。

取出叉燒肉，加熱水，接著將香菇乾和蒜頭倒進去。如果有煮豬背脂的湯汁，則可用它來取代所加的熱水。為了避免煮焦黏鍋，1 小時中每隔 15 分鐘需攪拌一次。

加熱水調整水位，將骨頭敲碎。

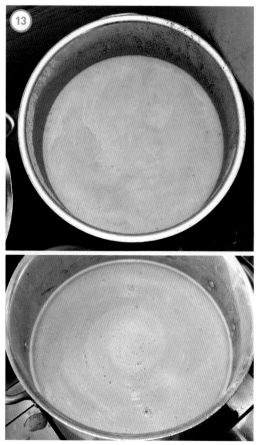

放進冰箱 1 天後便可拿來使用。煮的時候，先將凝固在表面 5cm 厚的油脂撈除後才開火。

第 2 鍋高湯煮好後進行過濾後，然後倒入⑩的高湯裡。

將⑪的湯鍋放入水槽裡，然後沖水降溫。

118

將叉燒肉從高湯中取出，然後放入已加熱好的叉燒醬裡。接著，用最小的火煮 1 小時 30 分鐘。

關火，然後讓叉燒肉浸在醬汁裡約 3 小時。

用淡淡的叉燒醬，徹底地讓叉燒肉入味

為了適合搭配豬背脂拉麵，同時也希望讓味道帶點變化，因此使用豬五花來做為叉燒肉。為了不浪費這肉的鮮美，因此把它與高湯放一起煮。煮的時候，如果溫度太高則肉會收縮，因此必須用最小的火慢慢地熱。接著，再放入醬汁中繼續熬煮，讓肉質變的柔軟可口。醬汁會一直重複使用，並於 1 週內換掉，至於浸泡的時間則是依醬料的濃度而加以調整。

叉燒肉

材料

- 豬五花肉條
- 叉燒醬（深色醬油、味醂、蒜頭、生薑、長蔥綠色的部分）

將豬五花肉條放入第 2 天尚未加料熬煮的高湯裡，然後開大火。沸騰後將火調到最小，然後煮 1 小時 30 分鐘，過程中需反覆去除雜渣。

滷蛋

材 料

・雞蛋・深色醬油・上白糖・白高湯

將雞蛋放入熱水中，煮 8 分 20 秒。

先沖水去熱，接著放入冰水中冷卻。

③ 將深色醬油、上白糖、白高湯混合，然後稍微煮過。

將蛋剝殼後，放入溫熱的醬汁裡。浸泡15分鐘並觀察浸泡的情形。利用廚房紙巾當成落蓋放在上面，

⑤ 放進冰箱冷藏 1 天後便可拿來使用。

將叉燒肉從醬汁中取出，稍微降溫後放進冰箱冷藏 1 天。

將鐵板加溫到115℃，然後將叉燒肉煎的有點焦焦的便可拿來使用，最後再灑上鹽和胡椒即大功告成。

將深色醬油、中雙糖、味醂混合，然後稍微煮過。

將泡了 2 天去鹽的筍乾用水洗過，接著放入裝著醬汁的鍋裡。

開大火，沸騰後將火調小，邊攪拌邊煮 1 小時。

(8) 稍微降溫後放進冰箱裡，靜置 1 天後便可拿來使用。

筍乾

材料

・鹽漬筍乾・深色醬油・中雙糖・味醂
・白高湯

將鹽漬筍乾用水洗 3 次。

浸泡 1 小時同時讓它去鹽。

(3) 將筍乾放入裝有水的容器裡，然後浸泡 1 天。

(4) 將水倒掉，稍微洗過後換水。接著再繼續浸泡 1 天。

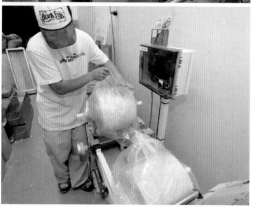

將麵糰混合成豆渣狀，接著做成粗麵帶。在等待合併時，為防止麵帶乾掉，因此要先包上塑膠袋。

將麵帶合併 1 次，然後延壓 3 次。

滑溜 Q 彈，
富嚼勁的直條方麵

從招牌的「BARIKOTE」，到「信州味噌拉麵」、「拌醬麵」等，該店主要使用的是 14 號粗的直條方麵，並根據不同的濕度，將含水量調整至 33 ～ 34%。這款麵吃起來不但感覺滑溜，且相當富有嚼勁，配合湯頭的滋味，讓麵條嘗起來感覺味道簡單卻非常好吃。麵條的製作是在安曇野店所進行，並於製作完成的當天送到各個店舖，然後在各店的冰箱裡靜置 1 天之後才拿來使用。

麵條

材料

- 日清製粉「麗華」（準高筋麵粉＋中筋麵粉）
- 鹼水粉末・水・鹽

將溶在水裡的鹼水和鹽以及麵粉混合，一開始先攪拌 5 分鐘，接著繼續攪拌 10 分鐘。攪拌的過程中，將黏在滾軸或四周的麵糰取下，使全部的麵粉都能均勻地吸收水分。

以順時針方向，從最前面開始依序是最主要使用的粗麵（14 號粗、直條方麵、含水量 33～34%、每份 175g、煮的時間為 4 分 30 秒）、加麵用以及「BARIKOTE ZERO」所使用的細麵（24 號粗、直條方麵、含水量 27%、每份 110g、煮的時間為 30 秒）、每月限定拉麵所用的麵條（照片中的是 20 號粗、直條方麵、含水量 33%、每份 150g、煮的時間為 1 分。根據不同的拉麵款，每次使用的麵條種類也都不相同）。

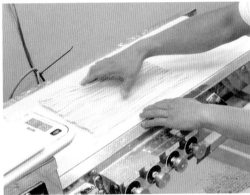

將麵條最終的厚度設定在 1.8mm，接著用 14 號的切刀切條。

將麵條放進溫度設定在 4～6℃的冰箱，靜置 1 天便可拿來使用。

生粹　花暖簾

讓女性以及小孩都能吃的安心的店，1天可賣出 140 碗

生粹花暖簾是間一天可賣出 140 碗的人氣拉麵店，而前來的客人有 6 成為女性。該店的目標是希望能成為「不論是注重健康的女性，還是帶著小孩而對飲食相當重視的媽媽都能安心前來的拉麵店」，堅持以「無化學調味料」、「純日本國產」、「使用天然素材」來烹調拉麵。

「醬油」和「鹽」等所有的拉麵一律都是用雞清湯。這個湯頭是由青森洛克鬥雞、黑薩摩雞和比內土雞這 3 種土雞所熬煮而成，透過將多種味道等特色皆不相同的雞隻互相配合，而讓原本味道簡單的雞清湯散發出更有層次的風味。此外，再用蛤蜊、蜆、文蛤等煮成和風高湯，然後將兩者混合在碗裡，使整碗麵的湯頭更加鮮美迷人。

在醬油醬料方面，以小豆島產的深色醬油和二次釀造醬油為底，然後混合了群馬產的二次釀造醬油。接著，當煮好拉麵的時候，最後再噴上茨城產的深色醬油，以如此費工的手法，讓人在吃下每一口時，都能感覺到醬油的香氣在口中散開。另一方面，鹽醬料則主要是以沖繩產的海鹽為底，然後再混合愛知產的白醬油、熊本產的赤酒以及鹽，讓醬料中的鹽味嘗起來更加深沉複雜。

該店所使用的麵條是由店主奧中俊光的太太宏美女士的老家「山口屋製麵所」所直接發送，考量到可能會造成過敏，因此裡頭不添加雞蛋。目前所提供的麵條是使用 2 種本產的麵粉，混合了天然鹼水所製作而成的直條細麵和粗麵。至於叉燒肉則有豬肩肉和豬五花這 2 種，同樣都用白醬油醃漬過，而達到色香味俱全的境界。豬肩肉做成叉燒肉需要花上 6 天，用如此仔細的手法而讓整碗麵吃起來感覺更加物超所值。

味玉・鹽 900 日圓

能直接品嘗到雞清湯的美味的一款拉麵。所使用的鹽醬料是將來自沖繩等地的鹽混合了愛知產的白醬油「極」、熊本產的「東肥赤酒」以及鹽麴所調製而成。上頭還擺上了用醬油以及和風高湯滷過的那須御養卵滷蛋。另外，再用碎柚子皮加以點綴。

■ SHOP DATA

地址／東京都文京區大塚 3-5-4 茗荷谷
HEIGHTS 1 樓
電話／03-5981-5592
營業時間／11 點 30 分～15 點，17 點～
21 點（週一、國定假日到 20 點）
公休日／週四

〈 味道組成表 〉

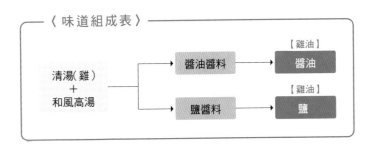

混合了另外萃取的比內土雞雞油
250ml、Camelia 豬油 60ml，以及
熬湯時從表面取下的清油 90ml 以做
成香味油使用。

混合醬油醬料、
香味油、雞湯和
蛤蜊高湯，然後
將煮好的麵擺上。
接著再噴上來自
茨城的柴沼醬油
釀造的生醬油。

特製‧醬油 1000 日圓

能享受到用豬肩肉和豬五花做成的
2 種叉燒肉的滋味。醬油醬料混合
了小豆島的深色醬油「菊醬」、二
次釀造醬油「鶴醬」、群馬的「日
本一醬油 二次釀造」，最後再噴
上來自茨城的深色生醬油「紫峰之
滴」。

鯛昆布水沾醬麵（夏季限定）
900 日圓

只有夏季才提供的沾醬麵。為了避免麵條容易黏在一起，並且提高湯頭的美味，因此提供時是將麵條泡在冷高湯裡。配料有用鹽醬料和海鮮高湯浸漬過的小松菜以及兵庫產的烤海苔。麵條則是用北海道產的麵粉並添加了全麥粉所做成的粗麵，吃起來相當 Q 彈有勁。

將泡過水的昆布和煎過的鯛魚頭放在一起煮，接著再放入鯛魚的尾和骨繼續煮成湯汁，然後倒入食器裡。

當季燙蔬菜
（附自製醬料）200 日圓

每月更新燙蔬菜內容的單點品項，不論是當成沙拉或是配料來吃都很受歡迎。另外附有用鹽醬料、洋蔥和蘋果醋等調味料所做成的醬料。此外，每月更新的「燉飯」（200 日圓）也廣受好評。

雞清湯

材料

- 帶脖子的雞架（青森洛克鬥雞、黑薩摩雞）
- 雞拳骨（青森洛克鬥雞）
- 雞身（青森洛克鬥雞、比內土雞、黑薩摩雞）
- 番茄乾・水（π-water）

將帶脖子的青森洛克鬥雞架去除肝和血合肉後，連同切碎的番茄乾一起放進湯鍋裡。為了避免煮焦，因此在鍋底放上篩籃，然後將材料放在裡面熬煮。番茄乾的甜味會比新鮮番茄更強，因此放進去一起煮。

雞拳骨放進鍋時，先用刀背敲破，使骨髓更容易流出來。

充分活用雞雜味所熬煮而成的清湯＋蛤蜊的鮮美相當飽滿的和風高湯

「醬油」和「鹽」等所有的拉麵，一律都是使用由雞清湯與和風高湯所混合而成的雙高湯。雞清湯由青森洛克鬥雞、黑薩摩雞和比內土雞等 3 種土雞所熬煮而成，據說當初是「希望能將味道簡單的雞清湯熬出複雜的滋味」因而試煮各種的土雞來煮，最後才確定改用目前的這種組合方式來熬湯。使用帶脖子的雞架、雞拳骨和雞身等多種部位，讓湯熬出多重的美味。此外，煮湯時還刻意不撈掉浮在上面的雜渣，會這麼做，是因為考量到因為只用雞來熬湯，所以希望能讓味道有更多特色。至於和風高湯則是使用浸泡過昆布和香菇的高湯，再混合了用蛤蠣、蜆、文蛤、圓蛤和天然真鯛的魚頭所熬成的蛤蠣湯而成，喝起來不但香氣迷人，且味道十分高雅。

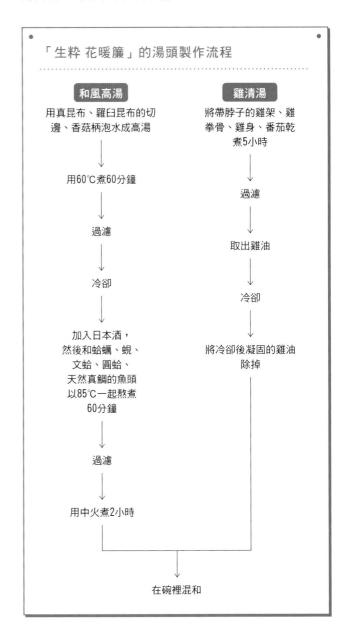

「生粹 花暖簾」的湯頭製作流程

和風高湯

用真昆布、羅臼昆布的切邊、香菇柄泡水成高湯

↓

用60℃煮60分鐘

↓

過濾

↓

冷卻

↓

加入日本酒，然後和蛤蠣、蜆、文蛤、圓蛤、天然真鯛的魚頭以85℃一起熬煮60分鐘

↓

過濾

↓

用中火煮2小時

雞清湯

將帶脖子的雞架、雞拳骨、雞身、番茄乾煮5小時

↓

過濾

↓

取出雞油

↓

冷卻

↓

將冷卻後凝固的雞油除掉

在碗裡混和

湯煮好後，接著進行過濾。過濾時，需將全部含底部的高湯的部全都過濾到，另外要特別注意盡量不要產生泡泡，可以把濾網放低一點來過濾。

過濾好的湯會有一層雞油浮在表面，所以須將這些雞油撈除。不過由於雞油具有蓋住湯的功能，因此不需要完全撈除，可殘留一些在表面。

將水槽裡放滿水使高湯冷卻，待溫度下降至30℃以下時，便可將高湯用小鍋子分開裝起來，然後放進冰箱裡冷藏。到了隔天，將凝固在表面的雞油撈除之後，便可在開店時拿來使用。

將黑薩摩雞的雞架用水沖洗，除去附著在內側的內臟後放入鍋裡。

最後放進雞身。盡可能將雞身剖開，除去內臟後放入鍋裡。目前所使用的雞身比例，青森洛克鬥雞、比內土雞、黑薩摩雞為 2 比 1 比 2。

加水後開大火煮，等到溫度上升至 50～60℃時調整一下火候，然後用這溫度煮 60 分鐘。接著將火調至中火，使溫度上升到 94℃，然後用這溫度煮 2 小時。煮的過程中不去除雜渣，亦不攪拌湯。

煮好後用篩網過濾，接著放進冰箱裡冷卻。

以昆布和香菇湯為底，然後放入蛤蜊、蜆、文蛤、圓蛤、天然真鯛的頭以及日本酒後一起煮。讓溫度保持在60℃，煮60分鐘後進行過濾。煮的時候，用中火將4ℓ的高湯熬到只剩1.5ℓ，熬湯所需的時間大約是2小時左右。接著，將這個濃縮和風高湯依每份10ml的量和230ml的雞清湯混合。

和風高湯

材 料

・真昆布・羅臼昆布的切邊・香菇柄・蛤蜊
・蜆・文蛤・圓蛤・天然真鯛的魚頭
・日本酒・水（π-water）

將水、真昆布、羅臼昆布的切邊、香菇乾的柄放進湯鍋裡，然後靜置一晚讓鮮味跑出來。

浸泡完成之後，接著開火熬煮。讓溫度保持在60℃，然後煮60分鐘。

筍乾

材料

- 水煮竹筍（福岡產）・醬油・日本酒・本味醂
- 雞湯・山椒粒

使用福岡產的水煮竹筍來做成筍乾。在日本國內所流通的筍乾幾乎都是來產自中國，但是為了堅持理念，因此特別選用日本國產且不含添加物的筍乾。

將醬油、日本酒、本味醂、雞清湯加進水煮竹筍裡，然後一直炒、煮到水分沒有為止。接著，再灑上山椒粒便大功告成。每 4 天會做 1 次筍乾。

滷蛋

材料

- 雞蛋（那須御養卵）・日本酒・本味醂
- 淡色醬油・深色醬油
- 高湯包（昆布、香菇乾、小魚乾）・三溫糖

雞蛋是用木產的那須御養卵，不但味道豐富甘甜，且蛋黃十分濃郁。蛋煮 6 分 40 秒，然後放入冰水裡。

將日本酒、本味醂、小豆島產的有機深色醬油、兵庫產的天然釀造淡色醬油、高湯包和三溫糖用火煮 20 分鐘以做成滷汁。接著，將水煮蛋浸泡在裡面 2 天。高湯包是將昆布、香菇乾、小魚乾弄碎後的混合物。

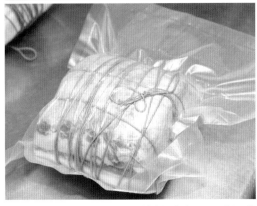

醃漬 2 天後，先用保鮮膜直接將它包起來，再用繩子綁好，接著進行真空包裝，然後以 65 ～ 68℃煮 1 小時。需要用保鮮膜包起來的原因是避免在真空包裝時讓形狀跑掉，接著再綁上繩子讓它更固定。

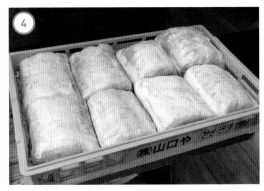

煮好之後，將肉從袋子裡取出，然後解開繩子，放進冰箱靜置 1 天。

6 天才得以完成的豬肩叉燒肉與吃起來可口軟嫩的豬五花叉燒

叉燒肉有豬肩肉和豬五花肉 2 種。豬肩叉燒肉在製作上相當費時費工，需花上 6 天才能完成，首先會先將豬肩肉用赤酒和日本酒醃漬，然後再泡過白醬油，接著才進行煙燻。至於豬五花叉燒肉則是會先用白醬油醃漬，等到要做成配料擺盤時，才用蒸籠將它蒸的軟軟嫩嫩的。因為這 2 種叉燒肉都會先用白醬油醃漬過，因此能讓做好的叉燒肉色香味俱全，看起來相當可口。此外，菜單上還有叉燒飯可以另外單點，同樣也非常受歡迎，

豬肩叉燒肉

材料

・豬肩肉（東總糯米豬）・赤酒・日本酒
・白醬油・煙燻用的木屑（櫻花木、胡桃木）

用錐子在豬肩肉肥肉的部分刺一些洞，使醬汁更容易被吸收。將豬肩肉切成每塊約 1.2kg。

將每塊豬肩肉分別裝進夾鏈袋裡，然後倒入等量熊本產的東肥赤酒和日本酒。接著將袋子沉入水裡，透過水壓使裡頭的空氣跑出來後將袋子密封，然後放進冰箱靜置 2 天。

把塑膠袋放進鍋裡，接著將拿掉餐巾紙的肉緊密排列，然後用白醬油醃漬。白醬油是將前次醃漬時所殘量的部分與新醬油依相同比例所混合而成。在湯鍋與塑膠袋中間灌水，利用水壓將袋子裡的空氣擠出來，接著放進冰箱靜置 2 天。

此為靜置 2 天，從白醬油裡取出後的樣子。白醬油產自愛知，味道甘醇而香氣強烈，能使肉保持在色香味美的狀態。

此為靜置 1 天後的樣子。由於有用赤酒來加以調和，因此讓整塊肉散發出只用日本酒醃漬所無法表現出來的高雅滋味與甘甜。

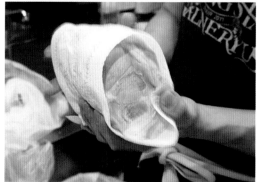

拆掉保鮮膜，將肉表面上的油脂擦掉。用廚房餐巾紙分別將每塊肉包起來然後稍微放置一陣子，如此一來便可將肉表面上的水分和油脂去除。

油煎糯米豬叉燒飯 300 日圓

以現點現做的方式，活用了豬肩叉燒肉切邊後所剩的肉。
首先，先將豬肩肉切塊後，用浸泡過蒜頭和蘋果的沙拉油
來炒，接著擺在混有發芽米的白飯上，然後再從上面淋點
醬油醬料和辛香料便大功告成。

用糙葉樹所製成的煙燻機來進行煙燻。用60℃煙燻30分鐘，接著將上下的位置互換後再繼續煙燻30分鐘而成。煙燻所用木削則是由櫻花木和胡桃木混合而成。

從煙燻機取出來，待降溫後再將每塊肉用保鮮膜包好，
然後放進冰箱保存。

在營業前讓它回到常溫狀態。灑上胡椒後用烤箱烤好，
待有客人點餐時才切片來做成配料使用。

豬五花叉燒肉

材料

・豬五花肉（東總糯米豬）・日本酒・白醬油
・鹽・胡椒・肉荳蔻

將五花肉塊裝進塑膠袋中擺好，接著倒入日本酒後放進冰箱醃漬 2 天。

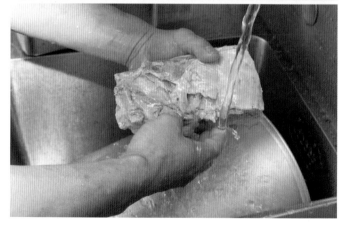

將醃漬 2 天的五花肉煮 70 分鐘，煮完之後沖水洗淨，並將表面的雜渣徹底地去除掉。

只在肥肉的部位灑上胡椒、肉荳蔻。由於做法和豬肩肉叉燒的不同，並不會經過煙燻的程序，因此需確實地讓它入味。

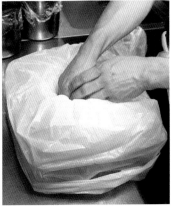

接著裝入塑膠袋，然後用白醬油醃漬並放進冰箱靜置 1 天。五花肉所用的白醬油在味道上會比豬肩肉用的白醬油還要更強烈。使用時，其中有一半是混合了上次用來醃漬過的白醬油。

醃漬 1 天後，用保鮮膜將每塊肉分開包起來，然後放進冰箱裡保存。在準備供應前才切片並放進蒸籠裡，然後利用煮麵機的熱氣來將它蒸熟，待蒸的軟嫩之後便可拿來當成配料使用。

拉麵寸八

在信州，將家系拉麵和豬骨海鮮沾醬麵推廣開來的實力拉麵店

由於深受橫濱的家系拉麵所著迷，寸八的店主辭去了上班族的工作，並於 2006 年開了這家拉麵店，為當時家系拉麵尚未為人所熟悉的長野縣帶來了全新口味的體驗。其中，有 6 成的客人都會點的「豬骨醬油拉麵」，其特色是用豬拳骨、豬背骨和雞骨來熬出味道相當濃郁的高湯。那飽滿厚實的滋味廣受好評，而讓該店瞬間人氣爆滿而成為非常受歡迎的拉麵店，而前來的客層當中，主要是上班族和家庭成員。煮麵時，湯頭通常是由醬油醬料、豬骨湯和雞油所混合而成，但是該店也有提供用等量的雞湯和豬骨湯混合而成的「半割」高湯。在女性客人當中，據說有將近一半會點這種半割高湯，其人氣可見一斑。此外，從開店以來就很受歡迎的「沾醬麵」，或是信州豬

骨海鮮沾醬麵則有如走在「食」代最前端般的存在。當時，正當沾醬麵才剛開始在首都圈流行的時候，該店卻早已把它納入菜單裡，將最前端的新口味推廣到長野縣內。3 年前，自從知道在靜岡有早上吃拉麵的這種習慣，該店也開始在早上 7 點到 9 點 30 分這時段開店賣拉麵。「來的客人沒有超過預期的多」，店主堀江勇太雖然笑著這樣說，但其實該店擁有一批死忠的客人，不管早晚，只要店一開便總是同時客滿。此外，每週三用同樣的湯頭推出鹽拉麵「鹽八」，第二個週五則有豬骨海鮮拉麵「金八」，為了讓客人百吃不膩而下了不少工夫。至於每月更新的限定拉麵則同樣也獲得不少好評。

豬骨醬油拉麵
每碗 756 日圓 ＋ 滷蛋 108 日圓

該店的招牌家系拉麵。那重口味又濃厚的湯頭是用豬拳骨、豬背骨和雞骨所熬製而成，味道舒服不帶腥味，相當順口好喝。配料有 3 片海苔、厚切五花叉燒肉，還有高麗菜以及波菜，份量滿點，讓人大快朵頤。

■ SHOP DATA
地址／長野縣松本市筑摩 4-3-1
電話／ 0263-28-7744
營業時間／ 7 點～ 9 點 30 分，11 點 30 分～
15 點 30 分，17 點～ 24 點
公休日／不定期
規模／ 30 坪、20 席

沾醬麵 918 日圓

基於「沾醬麵是拉麵的延伸」這樣的想法，因此沾醬裡不添加醋、辣椒粉、砂糖等調味料，同時裡頭也不加雞油，而是改成提高醬料的比例，使味道更濃一些。此外，沾醬裡還混有魚粉和芝麻。

〈 味道組成表 〉

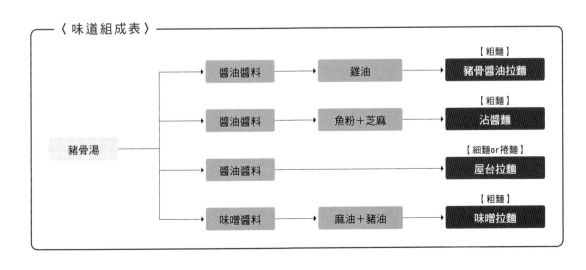

豬骨湯	醬油醬料	雞油	【粗麵】 豬骨醬油拉麵
豬骨湯	醬油醬料	魚粉＋芝麻	【粗麵】 沾醬麵
豬骨湯	醬油醬料		【細麵or捲麵】 屋台拉麵
豬骨湯	味噌醬料	麻油＋豬油	【粗麵】 味噌拉麵

豬骨湯

材料

豬拳骨、雞骨、豬背骨、蒜頭、雞白湯

在白天開店之前，將前一天裡頭還放著骨頭（豬拳骨、豬背骨）和湯（豬骨湯、雞白湯）的調味用的高湯開大火加熱，然後加進蒜頭。

將豬背骨倒進煮完五花肉所剩的叉燒滷汁裡，然後開大火煮以做成加湯用的高湯。營業時關掉內火，改成只用外火並且調成大火繼續熬煮。用水調整加湯用的高湯的濃度。

調味用的高湯煮沸之後，一邊攪拌一邊小心不要讓它煮焦。營業時將火調成中火，如果水位下降，或是湯越變越濃時，則用加湯用的高湯來進行調整。盡量在 12 點左右就將調味用的高湯煮好以便在營業時直接來拿使用。在營業時，高湯不加以過濾，而是直接從鍋裡舀起來使用。

加強雞的鮮美，
熬成舒服又濃郁的高湯

目標是希望能熬出味道雖然濃郁，卻感覺相當舒服，讓當地人都能喜歡的湯頭。由於不想讓湯喝起來太油膩，因此裡頭不放豬背脂。此外，用來熬湯的豬拳骨則只用裡頭塞滿骨髓的後腿大腿骨。而採購的大腿骨也都有先縱切過，因此即使沒有將骨頭剁碎把它煮的爛爛的，也能確實地熬出骨髓的滋味出來。另外，由於熬湯時添加了不少雞的元素，因此感覺更加容易入口。

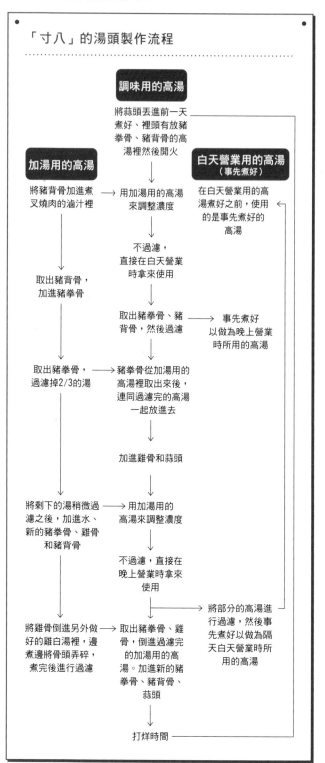

「寸八」的湯頭製作流程

調味用的高湯

將蒜頭丟進前一天煮好、裡頭有放豬拳骨、豬背骨的高湯裡然後開火

加湯用的高湯

將豬背骨加進煮叉燒肉的滷汁裡 → 用加湯用的高湯來調整濃度

白天營業用的高湯（事先煮好）

在白天營業用的高湯煮好之前，使用的是事先煮好的高湯

不過濾，直接在白天營業時拿來使用

取出豬背骨，加進豬拳骨

取出豬拳骨、豬背骨，然後過濾 → 事先煮好以做為晚上營業時所用的高湯

取出豬拳骨，過濾掉2/3的湯 → 豬拳骨從加湯用的高湯裡取出來後，連同過濾完的高湯一起放進去

加進雞骨和蒜頭

將剩下的湯稍微過濾之後，加進水、新的豬拳骨、雞骨和豬背骨 → 用加湯用的高湯來調整濃度

不過濾，直接在晚上營業時拿來使用

將部分的高湯進行過濾，然後事先煮好以做為隔天白天營業時所用的高湯

將雞骨倒進另外做好的雞白湯裡，邊煮邊將骨頭弄碎，煮完後進行過濾 → 取出豬拳骨、雞骨，倒進過濾完的加湯用的高湯。加進新的豬拳骨、豬背骨、蒜頭

打烊時間

將加湯用的高湯所剩的部分稍微過濾後,接著加進水、新的豬拳骨、雞骨、豬背骨和蒜頭。

將清湯所用的雞骨湯底用大火熬煮成雞白湯以做成第2高湯。雞白湯煮好後,不過濾而直接與雞骨一起倒進加湯用的高湯鍋裡,然後開大火煮1小時左右將素材煮爛。高湯煮好後,接著進行過濾。

⑨ 到了晚上10點,將營業用的高湯裡的骨頭(豬拳骨、雞骨)取出,然後加進⑧加湯用的高湯。接著再加進新的豬拳骨、雞骨、豬背骨和蒜頭,然後用大火再繼續煮2小時。

⑩ 到隔天早上,再從①的順序開始重新製作。

到了下午3點,將營業用的高湯裡的骨頭(豬拳骨、豬背骨)取出,然後用平底網篩仔細地過濾乾淨以準備拿來當做晚上營業用的高湯。接著,將調味用的高湯所用的鍋子洗乾淨。

加湯用的高湯裡的豬背骨,在準備移到調味用的高湯裡的30分鐘前便先撈起來,然後放新的豬拳骨進去。等到下午3點,將骨頭(豬拳骨)從鍋裡取出,然後移到調味用的高湯鍋裡。這時,將高湯約3分之2的量進行過濾,然後連同骨頭一起移入調味用的高湯裡。

將新的雞骨和蒜頭加進調味用的高湯鍋裡,讓調味用的高湯能在晚上7點左右煮好以便在營業時拿來使用。

麵條

直條粗麵的材料

- 中華麵用的小麥粉（牛若）・粗鹽・鹼水・水
- 食用色素粉（梔子花）

將粗鹽和食用色素倒入準備好的鹼水裡，然後用打泡機仔細攪拌。

將麵粉和鹼水混合，然後攪拌 3 分鐘。

以 Q 彈富嚼勁的粗麵條為主，備有三種自製麵條

該店主要使用的麵是形狀呈方形的直條麵，為了讓人吃的時候能感覺到 Q 彈且富有嚼勁而特地開發出這種麵條。在含水量方面，基本上是 33%，不過細微的水量調整則是將溶於水中的鹼水以每 100g 為單位來做增減。麵粉使用的是日穀製粉的中華麵專用小麥粉「牛若」，雖然以前也曾用過當地產的麵粉，但是由於容易腐壞，較快變色，再加上做出來的麵條容易黏在一起，因此最後改成這種麵粉。這種麵粉的味道自然舒服，不影響湯頭的滋味，因此很讓人滿意。在製作麵條時，以前曾添加過雞蛋，不過由於會有過敏的問題，因此現在已經不再使用雞蛋。另外，現在還會使用天然的食用色素梔子花粉來著色，為了讓外觀看起來更好吃，因此將麵條著成黃色。除這種麵條，另外還備有細捲麵和直條細麵這 2 種含水量不同的麵條，依據不同的拉麵款式而分開使用。

▶ 直條粗麵

- 含水量 33%
- 14 號粗
- 每份 150g
- 煮的時間為 4 分 30 秒

※ 為豬骨醬油、味噌拉麵、沾醬麵所用

▶ 細捲麵

- 含水量 32%
- 22 號粗
- 每份 140g
- 煮的時間為 1 分 30 秒

※ 為清淡支那麵所用

▶ 直條細麵

- 含水量 30%
- 28 號粗
- 每份 140g
- 煮的時間為 40 秒

※ 為屋台拉麵所用

※ 不過，如有客人要求，任何一種麵條都能配合

撒上手粉，進行延壓作業一次。

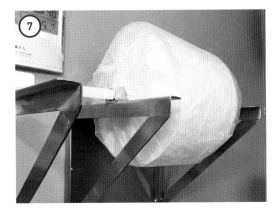

做好的麵帶用塑膠布包起來，然後放在有空調的涼爽室內進行至少 1 小時的熟成。

麵條熟成後切條，切好之後置於常溫下並於隔天之內全部用完。

將黏在壁上的麵粉除掉，然後再繼續攪拌 3 分鐘。

麵粉攪拌好後，揉成豆渣狀，然後做成麵帶。

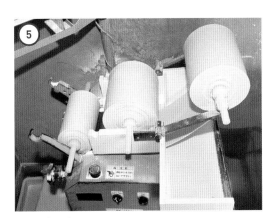

接著合併一次。

叉燒肉

材料

・豬五花肉
・醬油醬料（深色醬油、粗鹽、砂糖、日高昆布、
　長蔥、蒜頭）

肉在煮的過程當中會浮起來而讓部分露出水面，因此要仔細地
攪拌整個鍋子，使整塊肉都能充分地被熬煮。

將整塊五花肉丟進熱水裡，打開內外兩火並調成大火。沸騰之
後，關掉外火，然後慢慢熬煮。

煮3小時之後，將肉從鍋裡撈起。
將剛從鍋裡取出、還很燙的肉直
接用醬油醬料醃漬1小時。醃好
之後，將叉燒肉從醬料中取出，
待稍微降溫後用保鮮膜包起來，
接著放進冰箱裡靜置一晚後，便
可拿來使用。

滷蛋

材 料

‧雞蛋
‧滷汁（深色醬油、醬油醬料、水、日高昆布、味醂、柴魚乾）

將置於常溫下的雞蛋開孔。

② 煮的時間為 7 分 30 秒～ 8 分鐘，並依不同的季節而加以調整。

③ 雞蛋煮好後，沖水讓雞蛋冷卻。

④ 將深色醬油、醬油醬料、水、日高昆布、味醂以及柴魚乾混合後加熱以做成滷汁，待味醂裡的酒精蒸發之後便可將火關掉。

⑤ 剝下蛋殼。

⑥ 在滷汁還是熱的狀態下，將雞蛋連同昆布一起放進去醃漬一晚。

待隔天將昆布拿掉後，便可拿來使用。

拉麵 杉本

用「匠大山雞」的雞骨，熬出濃郁又豐富的滋味

該店的「醬油拉麵」很有人氣，不過喜歡「鹽拉麵」的死忠粉絲也不少。此外，自 2013 年 12 月開幕以來，年長的常客相當多亦是該店的特色之一。

「醬油拉麵」和「鹽拉麵」都是用同一種湯頭，都是使用「匠大山雞」的雞骨，再加入豬和海鮮所熬成的清湯。雖然使用多種素材來熬湯，但是沒有任何一味特別突出，而是讓彼此巧妙地互相配合以形成最和諧的滋味。為了讓客人能感到「越吃越好吃」，且總是吃不膩而願意一來再來，因此在湯頭的開發上，特別重視味道的均衡。

在麵條方面，使用的是含水量 35%、吃起來很有嚼勁的 20 號粗的細麵。此為京都的製麵所—麵屋棣鄂為拉麵杉本所特地量身訂做的麵條，從素材的選擇到製作的方式，在各個環節上皆要求的非常仔細，最後才得以開發成功。除了在麵粉裡加進少量烘焙過的麥麩與小麥胚芽而提高小麥的味道，另外在麵團裡還加了 GEFFER 液（一種製麵專用的綠藻精）而增加了麵條的彈性與保水力。

由於湯頭是用雞骨和豬骨所煮成，因此配料中的叉燒肉也有雞肉和豬肉這 2 種。此外，醬油拉麵和鹽拉麵所用的豬肩肉以及調理的方式也皆不同：醬油拉麵用的是滷豬肩叉燒肉；而鹽拉麵則由於不想讓叉燒的醬汁混進湯裡，因此用的是烤豬肉叉燒。此外，烤豬肉叉燒所用的是肥肉較少的豬肩肉。

醬油拉麵 750 日圓

醬油拉麵所用的湯頭和麵條與「鹽拉麵」相同，而為了突顯出醬油的色香味，所用的醬油還特別經過研發，裡頭除了生醬油、二次釀造醬油和溜醬油，另外還用了 2 種深色醬油共計 5 種醬油，可說是幾乎只用醬油來調製。在做法上，先將生醬油煮過，接著再加入其他醬油和少許的味醂才得以完成。至於所用的香味油，則是由雞油、豬背脂以及高湯表面上的清油所混合而成。

■ SHOP DATA
地址／東京都中野區鷺宮 4-2-3
電話／03-5356-6996
營業時間／11 點 30 分～ 15 點，
18 點～ 21 點
公休日／週一的晚上與週二

〈 味道組成表 〉

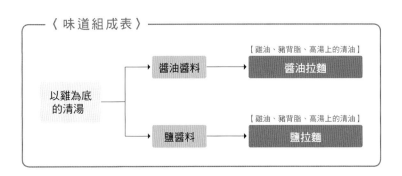

		【雞油、豬背脂、高湯上的清油】
	醬油醬料 →	**醬油拉麵**
以雞為底的清湯		【雞油、豬背脂、高湯上的清油】
	鹽醬料 →	**鹽拉麵**

配料中的叉燒肉有雞胸肉和豬肩肉這 2 種，而鹽拉麵所用的豬肩叉燒肉則還特別烤過。

鹽拉麵 750 日圓

考量到與湯頭味道的搭配度，因此特地開發能讓湯喝起來更美味的鹽醬料。先用昆布、牡蠣、蛤蜊、柴魚乾和小魚乾熬成高湯，接著再將 3 種不同種類的鹽溶入這湯汁中。此外，為了搭配鹽醬料以及那口感淡雅的湯頭，因此配料中的叉燒肉是以烤豬肉方式所做成。至於香味油則與「醬油拉麵」所用的相同。

將雞胸肉取出後，裝入保鮮袋裡。接著將 70℃的熱水倒入稍微深一點的湯鍋裡，然後把整個保鮮袋放進去。保鮮袋放入水中時，裡頭的空氣會浮上來，將空氣擠出使肉呈現半醃漬的狀態，接著將袋子密封起來。讓熱水的溫度下降到 65℃，然後保持這樣的溫度加熱 45 分鐘。煮的時後，如果在鍋底放網子，那麼可使保鮮袋不容易破掉。在煮的過程中，需不斷地更換袋子位置，使全部的肉都能完全煮熟。

將整個保鮮袋放入冰水中，使溫度降溫。繼續浸泡約 30 分鐘，直到整塊肉都冷卻後，接著放進冰箱裡保存並靜置一天，到了隔日便可拿來使用。

使用與湯頭相同的高級雞種的雞胸肉，讓味道更加對味

用低溫烹調的方式讓雞肉叉燒吃起來相當軟嫩。雞胸肉和煮湯的雞骨相同，同樣都是用「匠大山雞」，因此與湯頭的味道非常搭配。「匠大山雞」是相當高級的雞種，飼養時非常重視所吃的飼料與生長環境，不但肉質鮮嫩多汁，且沒有腥味。隔水加熱後，確實地經過冷卻並放置一天後才使用，如此可讓味道舒服沉穩，口感也會更棒。

> 雞肉叉燒

材料

· 雞胸肉（匠大山雞）·鹽·胡椒

將雞胸肉的皮去掉，然後灑上鹽、胡椒。鹽是用顆粒較粗、礦物質豐富的中國產的海鹽「福鹽」。接著將肉放在盤子上擺好，用保鮮膜覆蓋，然後放進冰箱裡靜置一日。

將拉麵用的高湯（雞身與雞骨的比例為 2 比 1，豬背骨、昆布、香菇等，且蔬菜和乾貨尚未加進去時的狀態）煮沸，接著除去昆布。將豬背脂以及被切掉的散肉加進去，然後放入豬肩肉。讓整鍋湯保持在冒出小泡泡的煮沸狀態，並以小火煮 90 分鐘左右。

將淡色醬油裡加入一些豆腐乳，然後倒入鍋中（該店是將上次滷完豬肉的滷汁依相同比例混合使用）。將豬肩肉從湯裡取出，脂肪較多的部分朝上然後放進鍋裡。滷汁的量差不多能將肉淹到一半的程度即可，火候則調到能讓滷汁冒出小泡泡的程度，不要開大火讓滷汁翻滾沸騰。滷汁滾了之後繼續煮 20 分鐘，接著翻面再煮 20 分鐘。

將豬肩肉從④取出，放在盤子上，讓溫度稍微下降便可直接拿來使用。要保存時，則放進冰箱裡保存。

醬油拉麵配滷豬肉，
鹽拉麵配烤豬肉

特地用來搭配「醬油拉麵」的是醬油口味的傳統滷豬肉叉燒，使用脂肪較多的豬肩肉，然後花不少工夫以做出那入口即化的口感和濃郁又好吃的味道。首先，先將豬肉丟進裡頭有雞身、雞骨、豬背骨和豬背脂的拉麵用的高湯裡煮 90 分鐘，將肉徹底煮熟。接著，再浸泡在以淡色醬油為底所做成的滷汁裡，稍微煮一下，就能使叉燒味散發出濃郁的醬油味。

至於「鹽拉麵」，由於不想裡頭有叉燒的醬油味，因此特地開發出以鹽味為底的烤豬肉叉燒。在對切的時後，為了能讓大小和叉燒肉一樣，因此特地要求每塊豬肩肉為 2.5kg。脂肪較少的部分用來烤豬肉，脂肪較多的部分則做成滷豬肉。用低溫隔水加熱到八分熟，接著再用烤箱將表面烤過，讓叉燒肉裡頭軟嫩多汁，表面則香氣十足。

叉燒豬肉（滷豬肉）

材料

・豬肩肉（美國產的冷凍豬肉）・淡色醬油
・豆腐乳・高湯

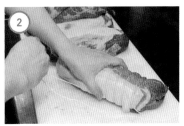

將豬肩肉對切，使用脂肪較少的部分，並切除掉多餘的筋等部位。

用棉繩將肉綁好，煮的時候如果沒有綁繩子，那麼肉會膨脹變形，賣相會變差。

叉燒豬肉（烤豬肉）

材料

・豬肩肉（美國產的冷凍豬肉）・醬油・白酒
・黑胡椒・岩鹽・三溫糖・米油

將豬肩肉對切，使用脂肪較少的部分。裡面經常會有骨頭，因此切的時候要多加留意。此外，切除掉多餘的筋或脂肪。

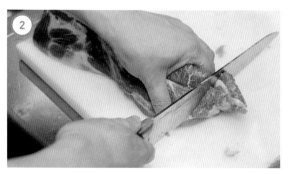

在做成叉燒肉的時候，為了使賣相更好，因此先將難以切成整片完整的叉燒肉的部分切除掉。由於在④的步驟時會將肉裝進盤子裡，因此在切的時候盡量配合盤子的大小。切除掉的肉在煮湯時會拿來使用。

將醬油和白酒混合後，噴在肉上。由於不想讓肉有太多醬油味，因此只要噴一點點，能使腥味消除且稍微帶點香氣的程度即可。

灑上岩鹽、黑胡椒和三溫糖，然後將肉裝進盤子裡。此時的形狀就是煮好時的樣子，因此要仔細地先將形狀調整好。

從烤箱中取出，稍微降溫後變可直接立刻拿來使用。要保存時，則放進冰箱裡保存。

將整個盤子放進冰箱裡，靜置約 12 小時。取出後，由於會滲出不少的水出來，因此先放在廚房餐巾紙上 1、2 分鐘，去除掉多餘的水氣並將形狀調整好。

將豬肩肉裝入保鮮袋裡，然後加一點米油進去。接著將 60℃的熱水倒入稍微深一點的湯鍋裡，然後把整個保鮮袋放進去。保鮮袋放入水中時，裡頭的空氣會浮上來，因此將空氣擠出使肉呈現半醃漬的狀態，接著將袋子密封起來。將肉隔水加熱約 2 小時到 2 個半小時，過程中需不斷地更換位置。

將豬肩肉從保鮮袋中取出，用 110℃的烤箱烤 30 分鐘左右，使表面呈現褐色。

麥之道 SUGURE

只賣鮮魚、雞、濃厚豬骨這 3 種人氣拉麵

2017 年 3 月在一宮市開幕的「麥之道 SUGURE」，它是愛知縣春日井市「麵者 SUGURE」的第二個品牌。相較於春日井店是以雞、豬的沾醬麵為主、口味有分濃郁或是淡雅，一宮店只賣 3 種各具特色的拉麵。由於店主高松知弘的老家是在做魚貨批發的關係，因此之前就想推出鮮魚拉麵，甚至後來還以此為主軸來思考整個營業的內容。

鮮魚拉麵是用真鯛的魚頭所熬成的湯汁來煮成拉麵，不過接下來的 2 款並非是以真鯛拉麵來做延伸，而是另外準備了蛤蜊汁混合雞白湯而成的拉麵以及濃郁豬骨海鮮湯汁的沾醬麵。「SUGURE」雖然只賣 3 種拉麵，但是這 3 種拉麵的高湯都不相同，醬料也都不一樣，而非是用同一種湯頭然後只靠不同的醬料來調味。不過也由於如此，因此煮湯的效率上特別下了不少工夫。首先，先將真鯛的魚頭用烤箱烤過後，再用低溫的方式熬成真鯛高湯。雞白湯（2 種）則是用壓力鍋在短時間就做出來，而沾醬麵用的湯汁也同樣是用壓力鍋在短時間內熬成。

為了搭配每種不同的拉麵而需準備 3 種叉燒肉，但是在烹調時，由於能充分利用蒸氣烤箱而方便不少。豬肩肉和雞肉叉燒是以真空低溫的方式調理，豬五花則不經過真空而直接加熱，最後再用高溫將表面烤過。雖然菜單上的每一道料理都需各別烹調而相當費工夫，但是由於活用了高效率的調理器具，因而能更輕鬆地將麵煮好。

烤真鯛拉麵 830 日圓

用真鯛的魚頭骨和些許的生薑、蒜頭所熬成的湯汁與雞白湯以 9 比 1 的比例混合成高湯；麵條是用含水量高的寬扁麵，每份有 160g；而配料則有雞胸叉燒肉、豬肩叉燒肉和真鯛碎肉。用瓦斯噴槍將真鯛烤的香氣四溢，使真鯛碎肉有如香味油般和麵條融合在一起，讓人每吃一口時都能清楚地品嘗到真鯛的美味。真鯛碎肉每份約有 25g。

■ **SHOP DATA**
地址／愛知縣一宮市本町 3-5-2
電話／0586-64-8303
營業時間／11 點 30 分～14 點，18 點～22 點
公休日／不定期

倒一點桌上這瓶手工做成的「新鮮現榨柚子醋」，讓濃濃的湯頭多了份美乃滋的風味，使人享受到味道變化所帶來的樂趣。

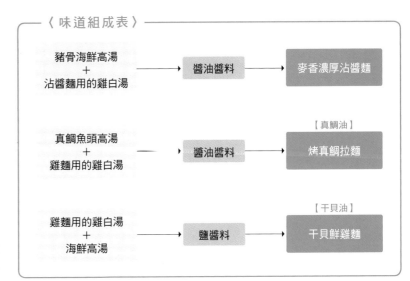

〈 味道組成表 〉

| 豬骨海鮮高湯
＋
沾醬麵用的雞白湯 | → | 醬油醬料 | → | 麥香濃厚沾醬麵 |

| 真鯛魚頭高湯
＋
雞麵用的雞白湯 | → | 醬油醬料 | → | 【真鯛油】
烤真鯛拉麵 |

| 雞麵用的雞白湯
＋
海鮮高湯 | → | 鹽醬料 | → | 【干貝油】
干貝鮮雞麵 |

干貝鮮雞麵 750 日圓

混合干貝油、雞白湯、海鮮高湯、干貝醬油醬料，加熱後放進碗裡。在碗裡用攪拌器確實地混合攪拌讓高湯變濃稠。這碗所用的麵條則與烤真鯛拉麵相同。

麥香濃厚沾醬麵 850 日圓

沾醬麵所用的湯頭是將專門為沾醬麵所熬的雞白湯混合豬拳骨與海鮮高湯所調製而成。雞白湯和豬骨湯都是用壓力鍋來煮，因此能縮短煮的時間。不論是雞白湯或是豬拳骨與海鮮高湯，都使用了攪拌機將整個骨頭攪拌在一起而讓湯頭的味道更加濃郁。盛湯的碗會直接用火加熱，讓客人在吃的時候感覺是熱呼呼的。麵的上面會放五花叉燒肉和豬肩叉燒肉以做為配料。

桌上擺著「自製海鮮花椒油」。用四川的花椒做成麻辣油，吃沾醬麵時放一些進去攪拌，可享受到味道變化的樂趣。

五花叉燒肉如果放在常溫下會容易變得乾乾的，因此有客人點餐時，會再用滷汁來加熱，讓它變得軟嫩之後才拿來當成配料。

真鯛魚頭高湯

材料

・真鯛魚頭・鹽・蒜頭・生薑・水（電解水）

將整個真鯛魚頭灑上一點鹽，然後將魚頭裡的魚鰓除去。如果魚鰓沒有拿掉，那麼煮湯時會有腥味跑出來。

一邊沖水，一邊將魚頭部位的魚鱗去除。因為魚頭的部位在烤完之後會將裡頭的肉弄碎來做成配料使用，如果有魚鱗附在上面，那麼吃的時候會比較麻煩，因此需要除去。

有效率地熬煮出真鯛高湯、豬骨海鮮高湯、雞白湯與海鮮湯汁

雖然菜單上的拉麵只有 3 種，但是這 3 款拉麵所用的湯頭都不相同，熬湯時需製作真鯛高湯、豬骨海鮮湯、雞白湯（雞麵用和豬骨海鮮湯用 2 種）以及海鮮高湯共 5 種高湯。

由於所有的烹調都是在這 10 坪共 13 個座位的店內裡進行，因此在廚房特地裝了蒸氣烤箱，真鯛高湯便是利用這台蒸氣烤箱來進行前置作業的。此外，熬湯時會使用壓力鍋來縮短熬煮的時間。而在豬骨湯的製作方面，則還會活用大型的手動攪拌器以及餃子餡脫水機等使湯頭更加濃郁。

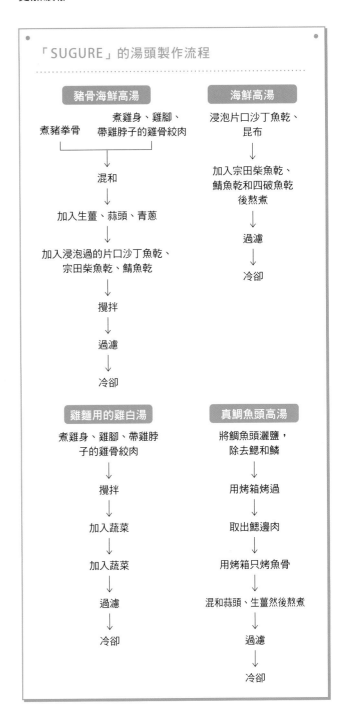

「SUGURE」的湯頭製作流程

豬骨海鮮高湯

煮豬拳骨　｜　煮雞身、雞腳、帶雞脖子的雞骨絞肉

↓

混和

↓

加入生薑、蒜頭、青蔥

↓

加入浸泡過的片口沙丁魚乾、宗田柴魚乾、鯖魚乾

↓

攪拌

↓

過濾

↓

冷卻

海鮮高湯

浸泡片口沙丁魚乾、昆布

↓

加入宗田柴魚乾、鯖魚乾和四破魚乾後熬煮

↓

過濾

↓

冷卻

雞麵用的雞白湯

煮雞身、雞腳、帶雞脖子的雞骨絞肉

↓

攪拌

↓

加入蔬菜

↓

加入蔬菜

↓

過濾

↓

冷卻

真鯛魚頭高湯

將鯛魚頭灑鹽，除去鰓和鱗

↓

用烤箱烤過

↓

取出鰓邊肉

↓

用烤箱只烤魚骨

↓

混和蒜頭、生薑然後熬煮

↓

過濾

↓

冷卻

將取完肉之後的魚頭放進烤箱再烤一次,此時溫度提高到 200℃,一直烤到飄出香味為止。

將清乾淨的鯛魚頭在烤盤上排好,從上面灑鹽,然後迅速放進烤箱。將溫度設定在 180℃,烤 20 分鐘。

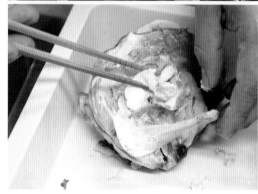

從烤箱裡取出,接著取出鯛魚頭上的肉和鰓邊肉,需趁熱取出。將殘留在烤盤裡的從鯛魚烤出來的湯汁保留,待熬湯時放進去一起煮。

將烤好的鯛魚頭、烤的時候流出來的湯汁和些許的生薑、蒜頭熬煮 30 分鐘,接著用網子過濾後冷卻。

用細網過濾，過濾後殘留在網子上的濾渣則倒回鍋裡。如此反覆進行，讓用不同方式所熬出來的湯彼此融合成一體。

最後，將殘留許多水分的濾渣裝進布袋裡，然後用餃子餡脫水機將水分擠壓出來。如果前一天的高湯還有剩，則加進去使用。

豬骨海鮮湯

材料

- 豬拳骨・雞身・雞腳・雞骨碎肉・雞皮
- 蒜頭・生薑・片口沙丁魚乾
- 宗田柴魚乾・鯖魚乾・水（電解水）

用壓力鍋單獨煮豬拳骨6小時，然後用別的壓力鍋煮雞身、雞腳、雞骨和雞皮1小時。接著將這兩種高湯混合，並加入生薑、蒜頭，同時將前一天泡好的片口沙丁魚乾、宗田柴魚乾和鯖魚乾也加進去。

一邊熬煮，一邊用手動攪拌器進行攪拌。煮一陣子後，再繼續攪拌，依此反覆進行約60分鐘。

一邊熬煮，一邊用手動攪拌器進行攪拌，並且將蔬菜剁碎後才放進去一起煮。試一下味道，等到湯頭帶著蔬菜的甘甜即大功告成。

用細網過濾。過濾後，殘留在網子上的濾渣則倒回鍋裡，在鍋裡用攪拌器攪拌並再次過濾。將這雞白湯與海鮮高湯各取一半混合以做為「干貝鮮雞麵」的湯頭。海鮮高湯是將片口沙丁魚乾、昆布泡水、接著混合鯖魚乾、柴魚乾和四破魚乾所熬煮而成。

材料

・雞身・雞腳・帶脖子的雞架・生薑・蒜頭
・胡蘿蔔・蔥・白菜・水（電解水）

煮「雞麵」用的雞白湯時，雞腳的使用量比煮豬骨海鮮湯時所用的雞白湯再少一點，熬煮的時間也再短一點。用壓力鍋煮雞身、雞腳和雞骨 30 分鐘。

煮好後，用手動攪拌器進行攪拌。接著點火，加入蔬菜，煮的時候不上蓋。蔬菜裡有胡蘿蔔和白菜，如此可讓高湯有著如什錦麵般的甘甜。

剛從烤箱取出來時，呈現黏稠的狀態。放進冰箱靜置之後再切片。

放在常溫下的叉燒肉吃起來會乾乾的，因此要擺在沾醬麵上面之前，先用滷汁加熱過讓它變得軟嫩。

叉燒豬肉分成
沾醬麵用和真鯛拉麵用

叉燒肉要做成 3 種。雞麵和真鯛拉麵用的是豬肩叉燒肉，滋味舒服多汁；而沾醬麵用的是五花叉燒肉，吃起來有著香滑軟嫩的特色。不論哪一種都是用蒸氣烤箱來料理，並仔細地進行溫度管理，因此吃起來味道都非常棒。
雞胸叉燒肉則是將連同雞麵用的鹽醬料和橄欖油一起經過真空包裝後，接著放進蒸氣烤箱加熱，讓叉燒肉吃起來香嫩多汁。

五花叉燒肉

材 料

・豬五花肉・鹽・胡椒

選購肥肉較少的五花肉，將有肥肉部位那側朝上，然後只在上面灑鹽和胡椒。胡椒在烤的時候會流掉，因此可以灑多一點。先用 300℃的烤箱烤 20 分鐘，接著轉成蒸氣模式將溫度設定成 130℃加熱 100 ～ 120 分鐘，並依肉的厚度調整加熱時間。

從烤箱取出後，用冰水快速冷卻。因為是用蒸氣烤箱以類似油封的烹調方式來加熱，所以能讓肉吃起來軟嫩多汁。烤好之後，接著再用雞麵用的鹽醬料來調味，如此一來當放在雞麵上當成配料時，能充分展現出整體感。

豬肩叉燒肉

材 料

- 豬肩肉（安地斯產）‧鹽‧胡椒‧鹽醬料
- 白蘭地

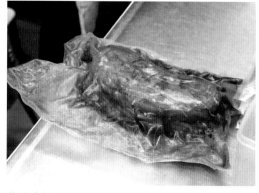

將豬肩肉的肥肉切掉，然後混合鹽、胡椒、醬油和白蘭地後進行真空包裝。接著放進 65℃的蒸氣烤箱，並以蒸氣的方式加熱 15 分鐘。加熱時，是利用關店後的時間來進行。這裡的醬油醬料是將真鯛拉麵所用的醬料再混合深色醬油、溜醬油、本膳醬油、日本酒和少許的鹽所調製而成。

雞胸叉燒肉

材 料

- 雞胸肉（宮城產）‧鹽‧胡椒‧鹽醬料
- 橄欖油

將雞胸肉的皮去除後，在整塊肉上灑鹽、胡椒，然後靜置 60 分鐘。除去的皮則拿來當成與豬骨海鮮湯混合的雞白湯的熬湯材料。

將雞麵用的鹽醬料和橄欖油用攪拌機攪拌做成醬汁，然後和雞胸肉用真空包裝包在一起。接著放進60℃的蒸氣烤箱，並以蒸氣的方式加熱50 分鐘。

鹽醬料

使用沖繩的鹽和伯方的鹽這 2 種鹽，接著混合干貝乾、昆布、柴魚乾和小魚乾湯汁。此外，再加入些許的本膳醬油。

沾醬麵用的湯汁

沾醬麵的湯汁除了醬油醬料之外，另外還有加入白蘭地和一點三溫糖，使味道稍微甜一點。將容器直接用火加熱後倒入湯汁，使湯汁上桌時還是熱呼呼地在沸騰。

碎鯛魚肉

從真鯛魚頭取下來的碎肉，會用來做成真鯛拉麵的配料，有客人點餐時，以現點現做的方式在碎肉上稍微噴一些醬油，接著用噴槍烤一下，然後才擺上去。醬油的香氣增加了碎肉的美味，將它放在拉麵上當成配料，使碎肉溶在高湯裡有如香味油一般，而麵條又吸收了這樣的湯汁，進而使拉麵的味道更加豐富精彩。

麵條

麵條是使用在春日井店裡自製而成的麵條。沾醬麵用的麵條是 12 號粗，含水量 36％的粗麵，有添加烘焙過的全麥粉則是這麵條的特色之一。真鯛拉麵和雞麵所用的麵條則是 16 號粗，含水量 39％的寬扁直條麵。

拉麵 月兔影

鮮味滿點的蛤蠣高湯拉麵，虜獲不少女性與年者客人的心

該店的招牌拉麵是用大量的蛤蠣和蜆，萃取出濃厚的鮮味所做成蛤蠣高湯拉麵。在一般拉麵店所鎖定的客群當中，女性以及年長者經常被忽略，如何能吸引這一群客人來做出和其他店之間的差異化，因此該店想出了不放油，而是靠好喝的湯頭讓客人滿足的蛤蠣高湯拉麵。正如店家所說的：「既然把"蛤蠣"這個字放進菜單名字裡，就是希望客人能享受到素材本身所帶來的美味」，吃一口這家的拉麵，就能瞬間感覺到蛤蠣強烈的鮮味而使人驚艷不已。由於湯頭本身就已經非常突出，因此只再加點鹽醬料，盡量使整個高湯的構成簡單。不過，如果將鹽醬料加到碗裡時，湯會因此稍微變溫溫的，所以每次只要有人點，就必須再用小鍋子加熱後才端上桌。此外，為了讓湯

頭的蛤蠣味更明顯，因此每碗麵還會另外再追加4～10顆蛤蠣進去，而煮湯剩的蛤蠣則直接當成配料來使用。「用蛤蠣來熬湯，還有一個理由是因為蛤蠣和很多東西都很容易搭配」，店主上嶋勇說。除了蛤蠣＋蜆的蛤蠣高湯，該店還備有豬骨＋雞骨的動物高湯、用鯖魚乾煮成的海鮮高湯、咖哩高湯以及限定拉麵用的高湯等5種湯頭，這些湯頭經過巧妙的互相混合搭配，因此平常就能供應出10幾種以上的拉麵款。也因此，在食材的選購上，該店重視烹調效率更勝於成本考量。而為了能讓烹調更輕鬆，透過大量地使用材料、或是活用高湯包等，積極地引進各種能使作業更簡化的東西與方法。

蛤蠣～海潮～ 880日圓

據說有3～4成的客人都會點這一款拉麵，可說是該店的招牌拉麵。刻意不使用油來烹調，只用的鮮味十足蛤蠣湯來表現出美味。配料有五花叉燒肉、滷蛋、小白菜、白蔥和蛤蠣。

■ SHOP DATA

地址／長野縣松本市雙葉 7-23

電話／0263-31-3015

營業時間／11 點 30 分～14 點 30 分

LAST ORDER，17 點 30 分～21 點 30 分

（如果湯用完會提早打烊）

公休日／週一

規模／23 坪、29 席

客單價／970 日圓

〈 味道組成表 〉

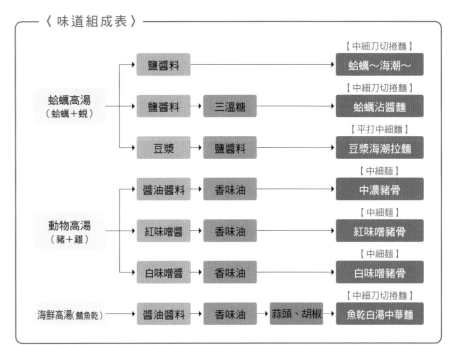

蛤蠣高湯（蛤蠣＋蜆）	鹽醬料		【中細刀切捲麵】蛤蠣～海潮～
	鹽醬料	三溫糖	【中細刀切捲麵】蛤蠣沾醬麵
	豆漿	鹽醬料	【平打中細麵】豆漿海潮拉麵
動物高湯（豬＋雞）	醬油醬料	香味油	【中細麵】中濃豬骨
	紅味噌醬	香味油	【中細麵】紅味噌豬骨
	白味噌醬	香味油	【中細麵】白味噌豬骨
海鮮高湯(鯖魚乾)	醬油醬料	香味油	蒜頭、胡椒	【中細刀切捲麵】魚乾白湯中華麵

豆漿海潮拉麵 950 日圓

將蛤蠣湯和豆漿以 1 比 1 的比例混合。加入鹽醬料後開始熬煮，接著放入蛤蠣後便可上桌。湯裡不放油，而是用奶油來增加風味。配料有叉燒肉、燙過的鴻喜菇、滷蛋、小白菜、白蔥和蛤蠣。

蛤蜊沾醬麵 980 日圓

用蛤蜊湯和鹽醬料做成沾醬用的湯
汁，再使用三溫糖讓湯頭帶點淡淡
的甘甜。麵條是用含水量高的平打
中細捲麵，由於是將麵條切成粗細
不同的刀切麵，因此能嘗到各種不
同的口感，吃起來非常好吃。

用深色醬油、白醬油、味醂、
三溫糖、食鹽、沙丁魚乾湯
汁、昆布湯汁和水混合做成鹽
醬料；而麵條則是使用混合了
3 種粗細不同的麵條所做成的
刀切麵。

蛤蠣高湯

材 料

・蜆・蛤蠣・熱水

把濾網放進鍋裡，將蜆和蛤蠣依序放入。倒入熱水至快要淹過材料的程度即可，蓋上鍋蓋，開大火煮到湯沸騰為止。

大概煮 40 ～ 50 分鐘左右讓湯沸騰，接著打開鍋蓋撈除雜渣。

直接喝很好喝，搭配其他湯頭也很適合的蛤蠣湯

主要使用的湯頭是濃縮了鮮味、且味道強而有力的蛤蠣湯。因為直接喝很好喝，而且也很容易與其他的湯頭做搭配，因此以蛤蠣做為熬湯的主要食材，從蜆中萃取出強勁的鮮美，而從蛤蠣中引出深沉的滋味。由於冷凍的蛤蠣會比較容易開殼，能確實地熬成高湯，因此刻意使用冷凍蛤蠣，而不使用新鮮的活素材。熬湯時，由於蜆比較難開殼，因此將先蜆放在比較接近火源的鍋底，接著才放蛤蠣進去。由於是將大量的蛤蠣用最少的水來熬煮，因此蛤蠣開殼後，可視情況將攪拌蛤蠣，徹底地將所有蛤蠣的精華給萃取出來。此外，為了讓蛤蠣能更快煮熟，因此除了攪拌時，其他的時候皆需蓋上鍋蓋。

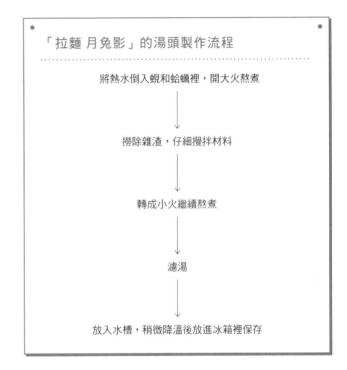

「拉麵 月兔影」的湯頭製作流程

將熱水倒入蜆和蛤蠣裡，開大火熬煮

↓

撈除雜渣，仔細攪拌材料

↓

轉成小火繼續熬煮

↓

濾湯

↓

放入水槽，稍微降溫後放進冰箱裡保存

湯熬好後分開倒進小鍋子裡，接著將鍋子放入裝滿水的水槽裡冷卻。溫度變冷之後，放進冰箱裡以防止劣化。

要使用的時候，再用小鍋子然後和鹽醬料一起加熱後才拿來使用。此時會再另外放 4 ～ 10 個蛤蠣進去煮，然後直接當做配料使用。

因為蛤蠣的量很多，所以需仔細地上下來回攪拌。

將內火調到極小，蓋上鍋蓋，用小火慢慢熬煮約 4 個小時。途中，將蛤蠣攪拌 2、3 次。

取出濾網濾湯。濾網取出後，先放置 5 ～ 10 分鐘，讓蛤蠣的湯汁瀝乾淨。

稍微降溫後倒入冰塊，等到雞蛋變冷之後剝殼。

將柴魚高湯粒加入水中做成高湯汁，接著倒入深色醬油、味醂、上白糖、食鹽以做成滷汁。如果用溫熱的滷汁來浸泡雞蛋，那麼會加速雞蛋的腐敗，因此需加入冰水先讓滷汁冷卻。

接著將雞蛋放入冷的滷汁裡浸泡 1 小時。為了入味均勻，因此在過程中需攪拌滷汁並移動雞蛋的位置約 10 次左右。

將雞蛋從滷汁中取出後，接著放進冰箱，最少靜置 1 天後便可拿來使用。

必備的配料滷蛋，用物美價廉的雞蛋營造出物超所值的感受

該店的主要拉麵從一開始就是將滷蛋當做配料，由於一天所需的雞蛋約 330 顆，因此捨棄了先將蛋殼開孔的作業，再加上即使有開孔，也會產生 10～15 顆的耗損，所以只好選擇以比較有效率的方式來進行。此外，如果煮出來的滷蛋沒有比湯還要鹹，那麼會感覺好像沒有味道，因此滷汁在調味時候，將鹽的濃度設定成與湯頭相同，使客人光吃滷蛋也能確實地嘗出味道來。

滷蛋

材料

‧雞蛋‧滷汁（柴魚高湯粒、水、深色醬油、味醂、上白糖、食鹽、冰水）

將雞蛋放入沸騰的熱水裡。煮的時間根據不同的季節，約在 7 分 30 秒（夏）～8 分 30 秒（冬）之間做調整。煮的時候，為了不使溫度下降，因此蓋上鍋蓋加熱。

用水沖 5～6 分鐘使之冷卻。

熱湯沸騰之後轉成小火，蓋上鍋蓋然後慢慢熬煮約 4～4 小時半左右，煮的過程中不攪拌熱湯以避免肉散掉。

先準備好冰水，從鍋裡取出熱豬肉後放進冰水裡冷卻 3 小時。用冰塊覆蓋在肉的上面，徹底地將整塊肉冷卻。

混合深色醬油、味醂、上白糖和食鹽，接著加入柴魚高湯包和昆布高湯包，然後稍微煮一下以做成叉燒醬汁。待溫度稍微下降後，倒入冰塊使醬汁冷卻。

為了煮出香嫩多汁的叉燒肉需不斷地進行冷卻以防止劣化

由於用蛤蜊高湯做成的拉麵裡幾乎不含任何油脂，因此擺上脂肪較多五花叉燒肉來做成配料，使拉麵的味道能更加均衡。如果用醬汁來煮，那麼會讓瘦肉的部分吸入太多醬汁，為了能保持肉本身的風味，因此選擇不同的醃漬方式。煮好的叉燒肉又香又嫩，彷彿用筷子一夾就會化掉。

叉燒肉

材料

・五花肉・生薑・叉燒醬汁（深色醬油、味醂、上白糖、食鹽、柴魚高湯包、昆布高湯包）

將前一天以常溫的方式解凍的五花肉塊切成 4 等分。

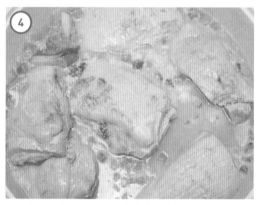

將五花肉、生薑片放入裝滿熱水的湯鍋裡。以中火熬煮至沸騰，沸騰後再轉成小火。煮豬肉的湯每兩天換一次。

叉燒肉放進冰箱裡冰超過半天後，只取要使用的部分，將兩側、肥肉以及太硬的部分切除以做成完整的形狀。

將冷卻後的豬五花放進冷卻後的叉燒醬汁裡醃漬，蓋上落蓋醃一整天。

用塑膠袋分裝好後，放進冰箱裡保存。

拉麵屋 TOY BOX

只用雞和水，做出味道濃郁與鮮美的拉麵

自 2017 年初開始，將湯頭的製作方式做了大幅度的改變。以前主要是用 5 種土雞，再配上一點豬肉、牛骨來做成清湯，接著再混合用乾貨以及魚乾和蛤蠣所做成的高湯，將各材料所萃取出的美味互相搭配以做成湯頭，不過現在則改成了「只用雞和水」來熬湯，也總算實現了長久以來的希望。

熬湯時所用的雞是川鬥雞的雞架、大分冠土雞的雞脖子、名古屋交趾雞、會津土雞以及山水土雞的老母雞；至於所用的水則是艾倫水（elen-water，一種電解還原水）。因為只用雞和水來熬湯，所以煮的時候不只是火候的大小，雞骨和雞身在鍋裡的排列方式也需加以注意。熬湯的內容改變，濾湯的方式也跟著改變。從開火到過濾大約 6 個小時左右，煮的過程當中除了需看一下材料煮的情形，同時也必須隨時檢查味道。

由於改變了湯頭，因此醬油醬料中所用的深色醬油、淡色醬油、二次釀造醬油等內容也必須跟著做調整。此外，以前是以豬肩肉和雞胸叉燒肉來做為配料，現在則改成只用里肌叉燒肉，所用的豬肉則是西班牙加利西亞栗子豬的里肌肉。另外，雞胸叉燒肉則是做為「特製」拉麵的配料，另外也提供單點配料。

菜單上有醬油拉麵、鹽拉麵和味噌拉麵，其中有 7 成的客人會點醬油拉麵。

醬油拉麵 750 日圓 ＋
雞肉叉燒 （100 日圓）

只用雞和水做成清湯，接著再混合用 7 種醬油和些許的味醂、日本酒以及蘋果醋所做成的醬油醬料。麵條是用純北海道產的麵粉做成中含水量的平打中細直條麵，一份 160g。由於麵沒有大碗的，因此一開始就先將份量做多一點。

烤土雞肉飯 400 日圓

以拉麵所用的材料開發成蓋飯餐點。雞肉用的是熬湯所用的大分冠土雞的去骨雞翅，用高湯和醬油熬煮，供應前先倒點醬油，然後用噴槍稍微烤過後才擺在飯上。將煮完雞翅的醬汁冷卻，使之呈果凍狀，然後一起擺上去；而用來增加風味的七味辣椒粉則是用山椒和多一點的陳皮所調製而成的。

雞肉淋上醬油烤過之後才擺在飯上，將煮完雞翅的醬汁冷卻，使之呈果凍狀，然後一起擺上去當做配料。

■ SHOP DATA

地址／東京都荒川區東日暮里 1-1-3
電話／03-6458-3664
營業時間／11 點～ 15 點，18 點～ 21 點
週日、國定假日 11 點～ 15 點
公休日／週一、第 2 個週二
（如果週一是國定假日則只營業到下午，並於隔天休息）

〈 味道組成表 〉

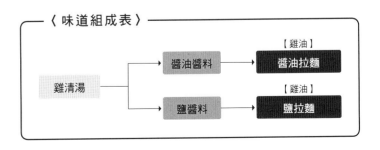

雞清湯

材料

- 雞架（川鬥雞）・雞脖子（大分冠土雞）
- 雞身（名古屋交趾雞的老母雞
  會津土雞的老母雞以及山水土雞的老母雞）
- 雞油（川鬥雞）
- 艾倫水

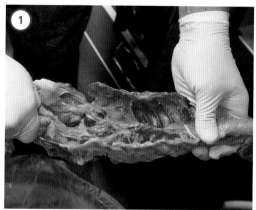

清除附在川鬥雞骨架裡的肺。雞心原本在 2 月之前也會清除，但現在則保留。不除掉雞心，煮出來的湯會比較好喝。在煮之前，將雞骨先折過。

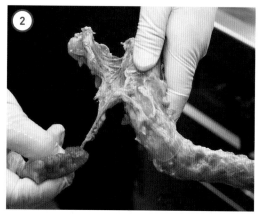

大分冠土雞的雞脖子下面會附著一部分的肺，因此需要將它除去。

持續探究只用雞和水來熬出味道舒服、豐富、鮮美且更好喝的湯頭

從 2017 年初開始，將湯頭全面改成只用雞架、雞身和水來熬成清湯。由於相當崇拜兵庫尼崎「Rocking BillyS1」的店主嶋崎順一，並十分憧憬他的熬湯方式，經學習後，最後終於實現了一直想做的那種湯頭。

由於只用雞來熬湯，因此材料的選擇上相當謹慎。此外，為了讓湯頭的味道更有層次，因此使用 3 種不同的雞身來熬湯。

雞骨放進鍋裡的方式不同，煮的時候所產生的對流也會跟著改變，進而影響湯頭的味道，在不斷研究之後，最後終於決定使用目前的擺放方式。此外，還需檢查香味以判斷高湯煮的情形。通常在煮湯時，是用 51cm 的湯鍋來熬，但如果只有營業半天，則先在前一天用 43cm 的湯鍋來調整雞身的量並進行熬煮，盡可能避免讓湯剩下來。

雖然熬湯的材料極為受限，但像是如何清洗所使用的雞骨等，每天仍持續不斷地進行各種研究以期望能「做出更好喝的湯頭」。

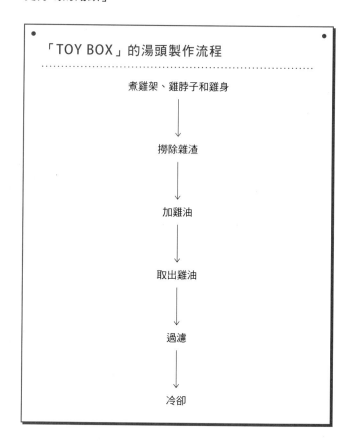

「TOY BOX」的湯頭製作流程

煮雞架、雞脖子和雞身

↓

撈除雜渣

↓

加雞油

↓

取出雞油

↓

過濾

↓

冷卻

雞架、雞脖子排在湯鍋的外側後，將雞身放入裡頭中空
的位置，接著將雞腿肉塞進縫隙中，然後倒滿水並開火。
水量約 50ℓ，不過因為煮的時候會有雞汁流出來，因此
最後當湯煮好後大約會變成 54ℓ。

為防止煮焦，在不銹鋼鍋裡
鋪一層板子（照片右）。將
雞架排在湯鍋最外側，然後
將雞脖子緊密地擺在上面，
接著再放上雞骨，讓裡頭呈
現中空的狀態。

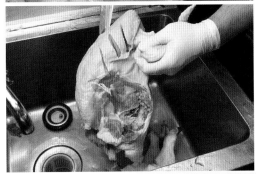

切開雞身各部位以及雞腿的
部分，雞腿大概切成 5～6
塊。雞架裡會殘留內臟，除
去後用水沖洗乾淨。

大約煮 2 小時之後，將雞油取出。取出來的雞油需立刻冷卻。

早上 10 點開始煮，大約在下午 4 點半時濾湯。首先，先將雞身取出。如果雞身煮散掉會讓湯變得混濁，因此趁還沒散掉前先取出來。

一開始先用大火煮，溫度到了 80℃時會開始產生雜渣，此時將它撈除。可用網子壓一下骨頭，讓附著在骨頭底下雜渣能浮上來以便加以去除。第一次去除完雜渣後，將火轉成小火，然後慢慢地讓溫度從 80℃升到 98℃。在這過程中，需不停地撈除雜渣。慢慢地讓溫度上升，使雜渣暫時不會再跑出來，撈除雜渣時需注意不要連鮮味都去除掉。

大約煮 3 小時之後，放入川鬥雞的雞油。煮的時候蓋上鍋蓋，並隨時檢查香味。

用 2 個容器交互過濾並且均分,接著立刻進行冷卻。高湯煮好後預計做為隔天營業時所用的湯頭,先放進冰箱裡冷卻,接著將凝固在上面油脂除掉後便可拿來使用。

雞架繼續放在鍋裡,接著用小鍋子慢慢地將湯舀出。過濾時,用 2 層濾網,然後在中間放廚房用的餐巾紙。以前煮的高湯如果放餐巾紙過濾,會讓湯頭的味道過於輕盈,但現在煮的這種高湯用餐巾紙過濾反而能讓味道更好,因此在濾網中間放入餐巾紙。

在整個濾湯的過程中,需慢慢地、小心不要讓湯混濁,同時避免攪拌到湯。

將里肌肉連同生薑和水一起熬煮，由於希望湯鍋最好能厚一點，關火之後也不容易降溫，因此選擇使用壓力鍋的鍋子來熬煮。

如果有出現雜渣則將它撈除，蓋上鍋蓋，用小火讓湯慢慢地滾，仔細地將材料煮熟。

關火上蓋，靜置直到溫度變涼。

豬里肌叉燒肉的滋味鮮美，雞胸叉燒肉的味道簡單好吃

由於熬湯的方式改變，因此叉燒肉所用的豬肉也從豬肩肉改成里肌肉。為了找尋適合搭配新拉麵口味的豬里肌，最後終於選擇使用來自西班牙的加利西亞栗子豬。至於製作的方式則是效法「Rocking BillyS1」（兵庫尼崎）的店主嶋崎順一其獨特的做法 "SHMAZAKI'S ROUTINE"。

雞胸叉燒肉的製作採用的是自開店以來從未改變過的做法，為了不影響拉麵的滋味，因此只用白胡椒、鹽和砂糖來做簡單的調味，接著再利用真空低溫的烹調方式讓雞胸肉變得軟嫩多汁。在用熱水煮的時候，需將溫度保持在即將發生出水作用的 68℃。此外，由於使用真空低溫的烹調方式多少會讓味道跑掉，因此在調味的時候味道可以調重一點。

里肌叉燒肉

材料

・里肌肉（西班牙的加利西亞栗子豬的里肌肉）
・生薑・醬油

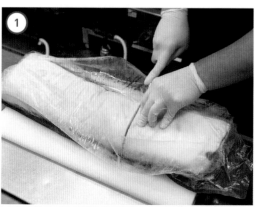

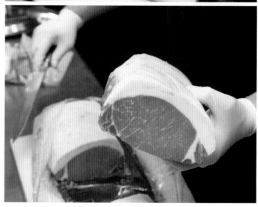

將整塊購入的里肌肉切成 3 等分，由於這里肌肉的油花占 43%以上，因此能做成與拉麵非常對味的叉燒肉。

雞肉叉燒

材 料

・日本國產雞胸肉（生鮮）・白胡椒・鹽・砂糖

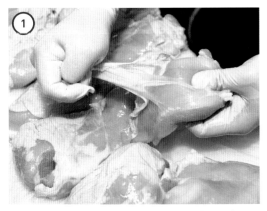

將日本國產雞胸肉的表面清洗一下，去除黏液的部分。由於皮、血合肉等也會影響口感，因此這些部分也需仔細地清除乾淨。

將白胡椒灑滿整個日本國產雞胸肉的表面，因為用真空低溫烹調的方式多少會讓味道跑掉，因此調味調重一點。先灑胡椒後才灑鹽，如此可避免味道太鹹。

事先將鹽與砂糖以 1 比 1 的比例混合，然後塗在雞肉的兩面。為了做出使人熟悉的味道，因此使用一般家庭常用的鹽和砂糖。

當溫度下降之後，將肉浸泡在加熱過的醬油裡，大約醃漬 1 天之後便可拿來使用。

醬油拉麵的烹調方式

將雞油、醬油醬料放進溫熱好的碗裡，灑上2滴7年釀造的深色醬油來提香。

將雞肉以避免重疊的方式裝進袋子裡，接著將袋子放進裝滿水的鍋子裡，使裡頭的空氣被擠壓出來之後將袋子密封好。開火以68℃的溫度進行加熱，如果是6 kg煮30分鐘，如果是8 kg則煮33分鐘。加熱完畢之後，立即用水冷卻，然後靜置一晚。

用小鍋子將湯加熱後倒入碗裡。

將煮好的麵條放上去。

擺上豬肩叉燒肉、蔥、筍乾來當做配料。

中村麵三郎商店

將清湯與白湯分開熬煮，並使用自製麵條讓味道更好

店主中村健太郎曾在橫濱知名的廣東料理店「聘珍樓」負責前菜 5 年，也曾在人氣拉麵店「麵坊 砦」擔任過店長職務，在累積了這些豐富的經驗之後，於 2016 年 5 月獨立出來開了這家店。店一開幕就受到相當高的矚目，經口耳相傳之後，現在只要每到週六、週日，在停車場的車子總能看到來自外縣市的車牌號碼而顯得格外醒目。

該店的菜單由醬油拉麵、鹽拉麵、白湯拉麵和擔擔麵所組成。湯頭有清湯和白湯這 2 種，不過煮完清湯的骨頭不拿來繼續煮白湯，這是因為如果用這些骨頭來煮白湯，那麼便無法做出想要的那種味道，所以必須改變材料並使用不同的鍋子來煮。在熬清湯的時候，連骨頭和肉熬出味道的時間都經過仔細

考量；而為了能保留住雞的美味，煮白湯時放入雞身的時間點也都有特別計算過的。此外，雖然開店才沒多久，卻已經開始在改變熬湯的材料與組合，並持續不斷地進行改良。鹽拉麵受到許多雜誌取材的青睞，而醬油拉麵則是賣得非常好。

麵條使用的是自製麵條，而且只用當日做成的麵條。製麵時，分成醬油拉麵用，鹽拉麵用以及沾醬麵用。此外，不論是嘗試改變春之戀麵粉的比例、或是增減全麥粉的使用量等，為了做出更好吃的麵條，每天仍不斷地研究改進當中。

叉燒肉分成豬五花叉燒肉、豬肩叉燒肉和雞胸叉燒肉，用不同的味道來烹調，並根據不同的拉麵分開使用。

鮮蝦餛飩
醬油拉麵 950 日圓

清湯加上醬油醬料。醬油醬料是以生醬油和深色醬油為底，再混合白醬油、溜醬油、雞醬等 6 種醬油以及日本酒和蘋果醋所調製而成。麵條在製作上和鹽拉麵是用同一種質地，粗細則為 16 號粗。

■ SHOP DATA

地址／神奈川縣相模原市中央區淵野邊 4-37-23

電話／042-707-7735

營業時間／11 點 30 分～15 點，18 點～21 點

週二為 11 點 30 分～15 點

公休日／週三

〈 味道組成表 〉

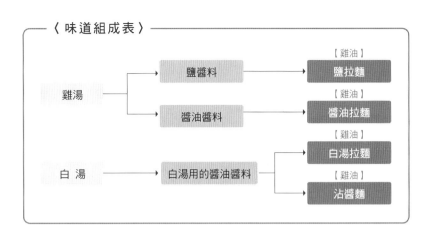

```
                          ┌─→ 鹽醬料 ──────→ 【雞油】鹽拉麵
雞湯 ─────────┤
                          └─→ 醬油醬料 ────→ 【雞油】醬油拉麵

                                              ┌─→ 【雞油】白湯拉麵
白湯 ─────────→ 白湯用的醬油醬料 ─┤
                                              └─→ 【雞油】沾醬麵
```

醬油拉麵和鹽拉麵所用的麵條主要是用春之戀麵粉所做出來的，吃起來相當柔軟舒服。醬油拉麵用的是 16 號粗的直條麵，每份 150g，煮的時間大約70 秒左右。

白湯拉麵 750 日圓

和白湯搭配的醬料是帶著鹽味的醬油醬料，同時並混合了用蒜頭、生薑、小魚乾以及柴魚乾、昆布和香菇乾熬成的湯汁所調製而成。店主中村先生是鹿兒島出身的，受該地拉麵的影響，因此配料加了許多用植物油炸的很香的蔥油酥。

鹽拉麵 780 日圓

清湯加上鹽醬料。鹽醬料是用 3 種
海鹽，加上日本酒、味醂、白醬油
和蛤蠣以及用干貝乾、昆布、香菇
所做成的高湯所調製而成，鹽醬料
裡高湯的比例稍微高一點。配料有
雞胸叉燒肉、豬肩叉燒肉、白蔥絲、
三葉芹和油蔥酥。使用的麵條則切
的比醬油拉麵還要細。

鹽拉麵的麵條雖然質地和醬油拉麵相同，
但是切的會比較細一點，使用的是 20 號粗
的直條麵。此外，麵條的厚度也切的比醬
油拉麵還要薄，因此感覺會更細一些。店
家表示「這是希望客人在吸麵的時候，感
覺就像是在吃麵線一樣」。每份 150g，煮
的時間約 50 秒左右。

沾醬麵 900 日圓

沾醬麵是在 5 月～ 9 月才有在供應。原本沾醬麵的口味是醬油口味，但是在 2017 年的夏天改成白湯配白湯用的醬料。為了讓湯頭喝起來更舒適潤口，因此醬汁裡加了一點醋和純辣椒粉。擺在麵上當配料的除了有叉燒肉，另外還有用糖醋醬醃漬過的蘘荷。

沾醬麵使用的麵條是 12 號粗的平打麵，製麵時還有添加一些全麥粉。每份 250g，大碗的 350g，煮的時間約 2 分 10 秒左右。

白　湯

材料

・豬拳骨・雞架（阿波尾雞）・雞身・雞腳
・生薑・蒜頭・胡蘿蔔・洋蔥・芹菜
・白蔥的綠葉・鯖魚乾・小魚乾・柴魚乾

將阿波尾雞的雞架用水浸泡並去除血水，接著加入雞腳和剁過的豬拳骨後開火。用 51cm 的鋁鍋來煮雞白湯，熬煮白湯的時間總共為 5 小時。

水沸騰後會有雜渣跑出來，最先出現的是血凝固後的黑渣，需將它撈除。

將雞清湯和雞白湯分開煮不論是材料、製作方式或湯鍋的材質都不相同

湯頭有雞清湯和雞白湯 2 種。清湯是用在鹽拉麵和醬油拉麵，不過如果只用雞來熬湯，那麼搭配鹽拉麵時會感覺味道太清淡，因此煮湯時雖然是以雞為主，但是還會加一些牛骨進去。

如果用煮雞清湯所剩的雞骨來熬雞白湯，那麼無法做出想要的那種味道，因此雞白湯是另外熬煮而成。煮的時候，不論材料的內容，加熱的方法以及材料入鍋的方式也都不同。此外，還須考慮導熱上的不同，因此在熬煮雞清湯和雞白湯時，連湯鍋的材質也都要另外換過。

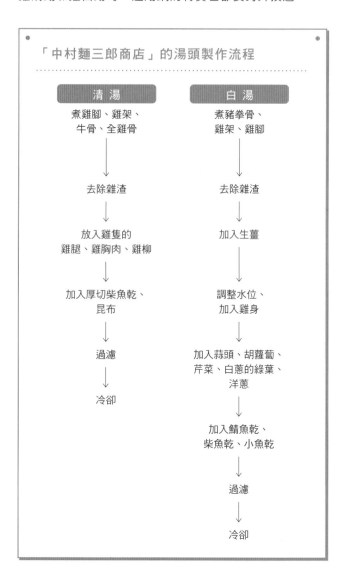

「中村麵三郎商店」的湯頭製作流程

清湯	白湯
煮雞腳、雞架、牛骨、全雞骨	煮豬拳骨、雞架、雞腳
↓	↓
去除雜渣	去除雜渣
↓	↓
放入雞隻的雞腿、雞胸肉、雞柳	加入生薑
↓	↓
加入厚切柴魚乾、昆布	調整水位、加入雞身
↓	↓
過濾	加入蒜頭、胡蘿蔔、芹菜、白蔥的綠葉、洋蔥
↓	↓
冷卻	加入鯖魚乾、柴魚乾、小魚乾
	↓
	過濾
	↓
	冷卻

為了保持一定的水位，因此將減少的水分補足，這裡所使用的水是 π-water。此時，順便將黏在湯鍋邊緣的雜渣擦掉。接著放入雞身。如果太早就把雞身放進去，那麼雞的風味會容易跑掉，因此要在這個時後才放入鍋裡。除此之外，將蒜頭、胡蘿蔔、洋蔥、蔥和芹菜也都放進去。

煮約 3 小時後，接著放入鯖魚乾、小魚乾並加以混合攪拌，然後再煮約 45 分鐘。

為了讓附著在底下的雜渣能浮上來，因此用木勺往鍋底用力攪拌，接著便又會有黑色的雜渣浮出來，只將這些黑渣撈除掉。

放入生薑，蓋上鍋蓋約煮 1 小時左右。煮的時候，火候為中大火。

清湯

材料

- 雞架（阿波尾雞）・雞腳
- 雞身（老母雞和比內土雞）・牛骨

由於清湯的導熱較好，因此用 51cm 的不銹鋼湯鍋來熬煮。放入阿波尾雞的雞架、雞腳和牛骨來煮，雞和牛骨的比例則為 5 比 1。因為清湯是用在醬油拉麵和鹽拉麵，為了使味道更豐富，因此還加了牛骨。以前也曾用過豬拳骨，不過現在則改成用牛骨。

用網子過濾。濾湯的時候，用小鍋子以擠壓高湯的方式來進行過濾。湯濾好之後接著冷卻，湯變冷之後雖然會有一層油脂凝固在上面，但是加熱後會再次和湯混合，然後在營業時做為湯頭來使用。

184

加入柴魚乾、昆布，然後大約煮 40 分鐘左右。以前也曾加入鯖魚乾和小魚乾，不過現在則改成增加雞的用量，然後用柴魚乾和昆布來熬成湯汁。

首先，從上面將雞骨取出，然後進行過濾。濾網要用比較細一點網子。濾湯時，順便將湯分開倒入不同的桶子裡，接著用冷水冷卻。湯冷卻之後會有一層油脂凝固在表面，在加熱前須將它去除不用。

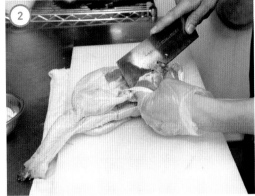

雞身使用的是老母雞和比內土雞，將雞身分成雞翅、雞骨、雞腳、雞腿、雞胸和雞柳、然後依不同的時間順序陸續放進鍋裡，而比內土雞的雞油則分開與另外做成的雞油一起煮。

在熬煮清湯時，整個過程需將火候保持在使湯一直滾沸的狀態。此外，還必須反覆確認清湯的香氣。

大約煮 30 分鐘後，用水沖洗，將肉表面的雜質和浮渣沖掉。

將豬肉放進鍋裡，放的時候，在鍋子下方的豬肉其肥肉的部分朝下，在鍋子上方的豬肉則肥肉朝上。接著，再混合由醬油、日本酒、味醂和砂糖所調製而成的醬油醬料。

雞清湯與雞白湯，各自用雞和豬（五花與豬肩）的叉燒肉來做搭配

雞清湯與雞白湯，然後混合醬油醬料、鹽醬料和白湯醬料而使拉麵的風格完全不同。因此，叉燒肉也特別準備了雞肉叉燒、豬五花叉燒和豬肩叉燒，並依不同的湯頭分開使用。雞肉叉燒是用低溫油封的方式烹調，吃起來香嫩多汁；而豬五花叉燒則帶著迷人的醬油風味。

豬五花叉燒肉

材 料

・五花肉・生薑・蒜頭・白蔥的青葉
・叉燒滷汁（醬油、日本酒、味醂、砂糖）

現在所用的五花肉是丹麥產。首先，在鍋底鋪上一層網子以避免肉黏住，接著先將豬肉稍微煮過。煮的時候蓋上落蓋以避免肉浮起來，接著在上面放東西壓著，然後大約煮30 分鐘左右。

雞肉叉燒

材料

・日本國產雞胸肉・醃漬液（鹽、砂糖、π-water）
・白蔥・洋蔥・白絞油

使用日本國產的生鮮雞胸肉。將鹽與砂糖以 3 比 1 的比例混合，再加上 π-water 混合後醃漬約 1 小時。

醃漬完畢後取出，置於濾網上過濾，確實地把醃漬液濾乾淨。

將白絞油、白蔥、洋蔥及醃漬雞肉混合在一起，加熱至 70℃，以維持在 70℃的狀態加熱 30～40 分鐘。炊煮到鍋中的雞肉不會黏在一起時即可取出。放在冷卻的油中保存。

再加入白蔥的青葉、蒜頭、生薑，蓋上落蓋，並在上面放東西壓著，炊煮約 1 個半小時。

煮完之後取出，吹風使其冷卻後，用保鮮膜包起來放進冰箱冷藏後再使用。

攪拌時，也需注意一下麵粉的溫度，用最初加進去的鹼水溶液來調整溫度，使混合完成的麵糰溫度約落在 24 ～ 25℃左右。

鹽拉麵和醬油拉麵所用的麵條

材料

- 麵粉：春之戀、夢之力、全麥粉
- 春之戀石臼研磨麵粉・蒙古鹼水
- 全蛋・鹽・水

以春之戀為主，另外再加上夢之力、全麥粉以及春之戀石臼研磨麵粉，總共使用 4 種日本國產麵粉。

攪拌蒙古鹼水、全蛋和小麥粉。混合約 5 分鐘左右後，將附著在攪拌機葉片或是裡面四周的麵糰取下，接著再繼續混合攪拌 7 分鐘。

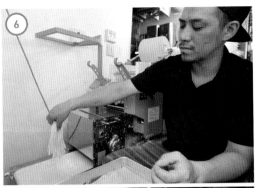

進行切條。在麵條的粗細方面，醬油拉麵的麵條為 16 號粗，而鹽拉麵則將厚度切的比醬油拉麵還要再薄一點，麵條的粗細為 20 號。此外，因為麵條較細，如果將每份訂定成 150g，那麼麵線會變得很長，因此先以 120g 來切條，接著再將每份調整成 150g，然後放入麵箱裡。製做好的麵條皆於當日使用完畢，絕不隔夜。

▶ 鹽拉麵用

20 號粗的直條麵。切條的時候，將厚度切的比醬油拉麵的麵條還要薄一些。每份 150g，煮的時間為 50 秒。

▶ 沾醬麵用

沾醬麵用的是 12 號粗的平打麵，製麵時加較多的全麥粉。每份 250g，煮的時間為 2 分 10 秒。

▶ 醬油拉麵用

16 號粗的直條麵，每份 150g，煮的時間為 70 秒。

麵糰攪拌成豆渣狀後，接著做粗麵帶並合併 2 次。為了不增加麵的壓力，因此延壓分 2 次進行。

在切條之前，先用塑膠袋包住麵帶靜置一下，靜置的時間夏季大約20分鐘，冬季則大約30分鐘左右。

人氣拉麵店的繁盛秘訣

20.7×28cm　128頁
彩色　定價 450 元

　　作為美食就理所當然應該要「美味」，因此優質的食材或不斷磨練出的技術已經不是現今的料理人和店家唯一追逐的標準。

　　很早就已經進入「戰國時代」且競爭也日漸激烈的拉麵業界，不僅養大了饕客們的口腹，也同時增加了拉麵這道品項在美味上的成長門檻。若只是嚴守現有的作法，或許在某一天就會被淹沒在廣大的市場競爭者中。

　　不過，即便是處於這樣的激烈競爭局面，仍然有許多拉麵店持續擄獲眾多饕客和美食家的心以及味蕾。他們若不是同好們口耳相傳的熱門排隊名店、就是培養出大量忠貞顧客的堅實店家。

我賣拉麵，我的營收60億

14.8×21cm　176頁
彩色　定價 280 元

精通理財之術、懂得經商理論，
為什麼還是沒有辦法賺大錢？
那是因為腦袋依然被「常識」所困！
唯有開拓並堅信自己的經營哲學，才是邁向成功之道

　　如今營業額突破 60 億日圓的拉麵霸業，竟然是從僅有 5 坪、只有 5 個位子的小車庫開始發跡！不倚靠媒體、也沒有向銀行貸款的土田良治，到底是運用了什麼樣的經營方式，才能一路成長至這令許多人瞠目結舌的營收數字呢？顛覆常識、負面思考、不去相信，一般人難以想像的經營策略，就讓土田良治來親口述說他成就拉麵傳奇的不朽秘密。

瑞昇文化
http://www.rising-books.com.tw

＊書籍定價以書本封底條碼為準＊
購書優惠服務請洽：
TEL｜02-29453191
Email｜e-order@rising-books.com.tw

開店專業 拉麵·沾麵の醬汁調理技術

21×29cm　112頁
彩色　　定價 400 元

25 種拉麵、沾麵的多彩醬汁

　　不論拉麵或沾麵，都沒有所謂的正式、正統的高湯或醬汁。此外，喜歡的味道、流行的話題味道也不斷的在變。若已走進這個園地，就不能夠一成不變、固步自封，這樣才能夠更迎合現代人的百變口味。

　　本書邀請門庭若市的超人氣拉麵店店主們，不藏私傳授我們「醬汁的作法」。書中，所有的醬汁都是他們殫精竭慮苦心研發出來的，無一不經過多次失敗反覆試驗，基於熱情和持續挑戰的精神才設計出來的。在公開人氣拉麵味道組成的元素之一的「醬汁」時，許多店主都談到類似的事情。

開店專業 豚骨拉麵最新技術

21×29cm　128頁
彩色　　定價 450 元

　　日本的拉麵史發展至今，豚骨拉麵已成為拉麵主流之一，其中又可分成豚骨拉麵、豚骨沾醬麵、豚骨拌麵。

　　本書收錄了全日本 26 間超人氣的拉麵專賣店，專訪店家的豚骨拉麵製作技術。並針對豚骨拉麵的靈魂──湯頭製作法，以彩色流程圖的方式配上詳細解說，另外該店所使用的提味醬料、配菜、叉燒肉、麵體等，也有詳細且專業的說明。無論您是想要開店，或是想在自家熬煮，拉麵發源地日本達人的專業料理技術與祕訣，這一本書就讓您全部學到。

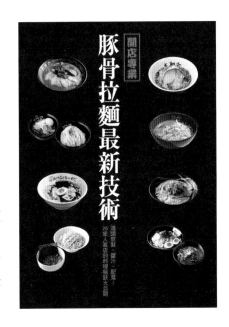

TITLE

究極拉麵賞！18家名店調理技術

STAFF

出版	瑞昇文化事業股份有限公司
編著	旭屋出版編輯部
譯者	謝逸傑

總編輯	郭湘齡
文字編輯	徐承義　蔣詩綺　李冠緯
美術編輯	孫慧琪
排版	曾兆珩
製版	明宏彩色照相製版股份有限公司
印刷	桂林彩色印刷股份有限公司

法律顧問	經兆國際法律事務所　黃沛聲律師

戶名	瑞昇文化事業股份有限公司
劃撥帳號	19598343
地址	新北市中和區景平路464巷2弄1-4號
電話	(02)2945-3191
傳真	(02)2945-3190
網址	www.rising-books.com.tw
Mail	deepblue@rising-books.com.tw

初版日期	2018年12月
定價	500元

國家圖書館出版品預行編目資料

究極拉麵賞!18家名店調理技術 / 旭屋出版編
輯部編著；謝逸傑譯. -- 初版. -- 新北市：瑞
昇文化, 2018.12
192面 ; 20.7 x 28公分
譯自：人気ラーメン店が探求する調理技法
ISBN 978-986-401-292-3(平裝)
1.麵食食譜 2.日本

427.38　　　　　　　　　　　　107019861